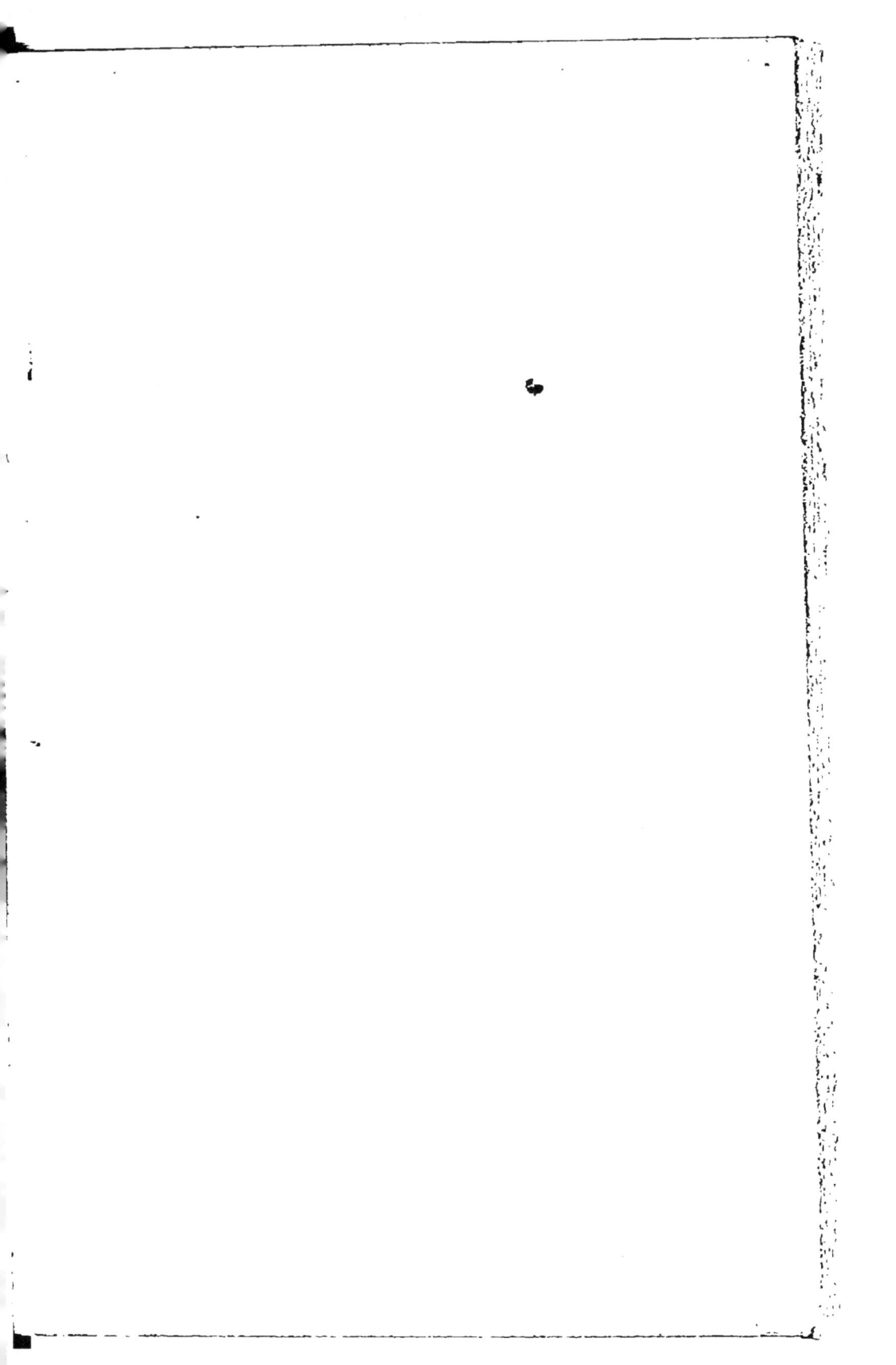

MANUEL

THÉORIQUE ET PRATIQUE

DES

FABRICANS DE DRAPS.

Manuels qui sont en vente chez RORET, libraire.

Manuel d'Arpentage, ou Instruction sur cet art et celui de lever les plans, par M. Lacroix, membre de l'Institut. 1 vol. orné de pl. 2 fr. 50 c.

Manuel d'Arithmétique démontrée, par M. Collin. 5e édition, revue par M. N. R. 1 vol. 2 fr. 50 c.

Manuel d'Astronomie, ou Traité élém. de cette science, par M. Bailly, 2 fr. 50 c.

Manuel Biographique, ou Dictionnaire historique abrégé des grands Hommes, par M. Jacquelin ; revu par M. Noël, inspecteur-général des études. 2 gr. vol. 6 fr.

Manuel du Boulanger et du Meunier, par M. Dessables. 1 vol. 2 fr. 50 c.

Manuel du Brasseur, ou l'Art de faire toutes sortes de bière, par M. Riffault. 1 v. 2 f. 50 c.

Manuel des Habitans de la Campagne, par madame Gacon-Dufour. 1 v. 2 f. 50 c.

Manuel du Chasseur et des Garde-Chasses, suivi d'un Traité sur la Pêche ; par M. de Mersan. 1 vol. 3 fr.

Manuel de Chimie, par M. Riffault. 1 vol. 3 fr.

Manuel de Chimie amusante, ou nouvelles Récréations chimiques, par le même. 1 v. 3 f.

Manuel du Cuisinier et de la Cuisinière, par M. Cardelli. 1 vol. 2 fr. 50 c.

Manuel des Garde-Malades, par M. Morin. 1 v. 2 fr. 50 c.

Le nouveau Géographe manuel, par M. Devilliers. 1 v. orné de 7 cartes. 3 fr. 50 c.

Manuel complet du Jardinier, dédié à M. Thouin ; par M. Bailly. 2 vol. 5 fr.

Manuel du Limonadier, du Confiseur et du Distillateur, par M. Cardelli. 1 vol. 2 fr. 50 c.

Manuel des Marchands de Bois et de Charbons, suivi de nouveaux Tarifs du Cubage des bois, etc.; par M. Marié de l'Isle. 1 v. 3 fr.

Manuel de Médecine et de Chirurgie domestiques. 1 vol. 2 fr. 50 c.

Manuel de Minéralogie, par M. Blondeau. 1 v. 3 fr.

Manuel du Naturaliste préparateur, par M. Boitard. 1 vol. 2 fr. 50 c.

Manuel du Parfumeur, par madame Gacon-Dufour. 1 vol. 2 fr. 50 c.

Manuel du Pâtissier et de la Pâtissière. 2 fr. 50 c.

Manuel du Peintre en bâtimens, du Doreur et du Vernisseur, par M. Riffault. 1 vol. 2 fr. 50 c.

Manuel de Perspective, du Dessinateur et du Peintre, par M. Vergnaud. 3 fr.

Manuel de Physique, par M. Bailly. 1 vol. 2 fr. 50 c.

Manuel du Praticien, ou Traité de la science du Droit, par M. D..., avoc. 3 fr. 50 c.

Manuel du Tanneur, du Corroyeur, de l'Hongroyeur, par M. Chicoineau. 3 fr.

Manuel du Teinturier, suivi de l'Art du Dégraisseur ; par M. Riffault. 1 vol. 3 fr.

Manuel du Vigneron français, par M. Thiébaut de Bernéaud. 1 vol. 3 fr.

MANUEL

THÉORIQUE ET PRATIQUE

DES

FABRICANS DE DRAPS,

OU

TRAITÉ GÉNÉRAL

DE LA FABRICATION DES DRAPS;

PAR M. BONNET,

ANCIEN FABRICANT A LODÈVE.

PARIS,

RORET, LIBRAIRE, RUE HAUTEFEUILLE,
AU COIN DE CELLE DU BATTOIR.

1826.

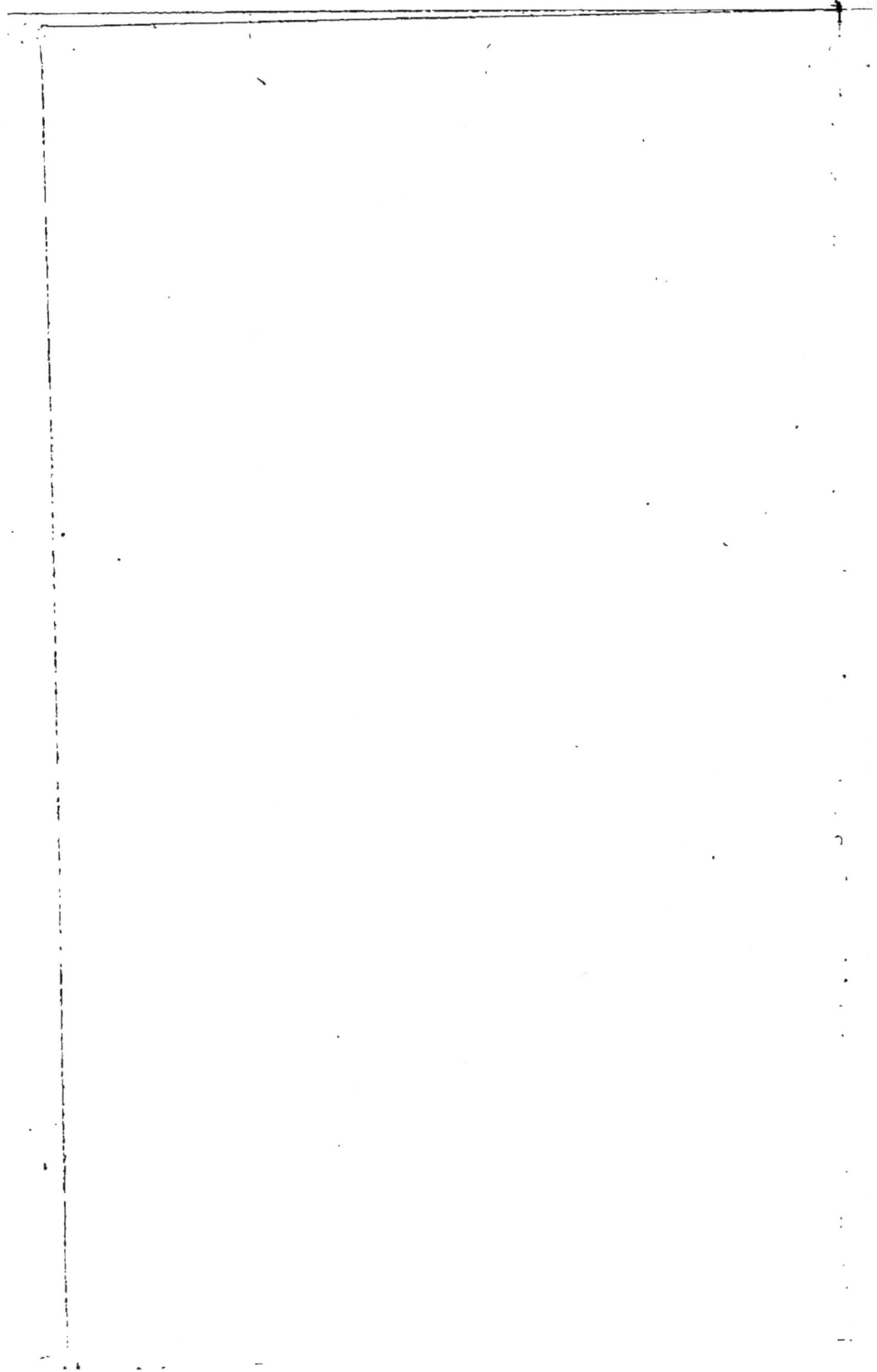

INTRODUCTION.

L'AGRICULTURE, le commerce, les arts, les
sciences et l'industrie, naissent toujours sur
le même sol; ils y prennent de l'accroissement, et se prêtent un mutuel appui.

L'agriculture vient développer les res-
sources de la nature; forcé par ses premiers
besoins, l'homme s'y adonne et explore ses
trois règnes, d'où naissent tous les élémens
de son travail. C'est par elle qu'il parvient à
enrichir l'état, car l'agriculture a toujours été
regardée comme la première source des richesses d'un pays.

Le commerce prend son extension dans la
variété des productions de la nature; à l'aide
des routes que l'homme s'est tracées, il s'ouvre
en tous lieux des communications, se préserve
de la disette ou se débarrasse de son superflu.
Partout où le commerce étend son empire, à
l'ombre des lois, les arts le suivent et l'enri-
chissent de leurs découvertes.

Les sciences, à leur tour, occupations des

1

hommes tranquilles, transmettent les époques, décrivent les faits, consignent les actions des hommes, leurs crimes, leurs vertus, leur gloire, leur décadence, leurs inventions; les discutent, les étendent, les raisonnent.

L'industrie, après elles, vient humblement habiter les chaumières et les villes. Mue par l'amour du travail sous le modeste toit, elle s'ouvre des routes continuelles pour flatter les goûts, elle excite sans cesse à changer, renouveler, modifier, et créer de nouvelles choses selon les caprices de la mode.

Les sciences ont leur émigration, les arts les accompagnent, l'industrie les suit pas à pas. Tous trois sont inséparables; ils se portent dans les pays où la protection les accueille, où le pouvoir les récompense et les honore. L'agriculture, au contraire, ne peut changer; le commerce, qui devient avec elle nécessité, est plus ou moins restreint, mais dans des temps de guerre il peut se concentrer, il ne s'expatrie jamais. Les exemples en sont fréquens en Égypte. L'astronomie, l'architecture, les calculs, laissent encore après eux des souvenirs de son antique splendeur : le temps a recouvert de poussière ces monumens créés par le génie, élevés par les talens, et ces chefs-d'œuvre n'offrent plus aux yeux du voyageur que les débris d'une gloire ancienne. De ces contrées gouvernées par les Memphis, les Ptolomée, les sciences et les arts ont passé en Grèce, où l'agriculture avait trouvé avant eux, dans la sagesse des lois, des encouragemens et de la vénération. Là, s'est arrêté leur vol, pour reparaître sous de nouvelles dynasties, dans des terres éloignées, mais aussi fertiles. L'Ibérie les a d'abord accueillis, l'Italie ensuite les a protégés, et on les a vus paraître de nouveau sur cette terre classique, pour reprendre un nouvel essor sous les lois des Titus et des Auguste.

Mais comme chaque siècle a sa naissance, son accroissement, sa gloire, sa décadence, à ce grand empire romain a succédé celui du despotisme et de la tyrannie. C'est alors que le deuil s'est répandu sur le sol où jadis avoit germé l'amour des sciences et le grand art de l'agriculture. Aux beaux siècles des Numa, des Trajan, a succédé celui des douze Tyrans, la tiare détruisit la pourpre romaine, et les hommes sont restés pendant plusieurs siècles dans le repos et l'ignorance la plus absolue.

Cependant, comme les feux presque éteints laissent dans leurs cendres des germes ignés, après sept à huit cents ans on a vu paraître des hommes qui, profitant des ouvrages de leurs ancêtres, ont fait revivre ce qui paraissait enseveli dans l'oubli.

La Gaule, enfin, fatiguée des irruptions des Welches, qui s'étaient emparés de l'Esclavonie, de la Valachie, et qui avaient porté le meurtre et la désolation dans le fond de la Suède, parmi les Scandinaves, sortit de son apathie, et imprima un nouvel élan à son industrie, en faisant parcourir les comptoirs étrangers par des hommes hardis, habiles et entreprenans.

L'homme invente peu; il perfectionne, il étend, modifie ou réduit les objets au goût que le siècle ou la mode réclament. Ainsi, pour démontrer la vérité de ce fait, nous comparerons nos fabrications modernes à celles des époques les plus reculées, et nous verrons qu'il y a une ressemblance dans leurs confections. Les gazes, les mousselines, les draperies étaient tellement connues des anciens, que les fouilles modernes ont donné des échantillons ressemblans aux nôtres. L'histoire des fabrications nous décrit avec une parfaite similitude ce qu'Athènes, Rome, Carthage faisaient tisser aux époques de leur gloire ; celle des Chinois prouve que le papier existait depuis plus de trois mille ans, puisque l'échange de certaines marchandises se faisait sur des feuilles volantes dont on a perdu la fabrication, mais qui ont été remplacées par d'autres. Les machines de guerre chez les Persans, les inventions mécaniques pour lever les masses, datent aussi de la plus haute antiquité, et la construction de l'Arche Sainte, ainsi que l'élévation des pyramides, ne font qu'apporter des preuves incontestables que les arts étaient en grande vigueur et florissaient il y a plus de 5,000 ans.

Il existe, dans le cabinet de M. Camille Beauvais, la collection d'échantillons la plus précieuse que l'on puisse avoir. C'est une réunion complète des tissus de toutes les contrées ; c'est l'histoire vivante de l'industrie de tous les peuples ; les progrès de toutes les manufactures y sont gradués d'une manière fort remarquable.

Mais si tout change pour le goût des siècles, et si chaque époque imprime une nouvelle mode aux objets qui servent à sa consomma-

tion journalière, tout, par ce changement,
devient une source féconde de commerce. Pour
lui donner de l'extension, il est donc nécessaire
de lui ouvrir des débouchés, car l'industrie
ne peut se développer que par eux. Aujour-
d'hui plus que jamais, les ministres doivent
se pénétrer, que la véritable puissance d'une
nation est dans son industrie, *qui n'est que
l'expérience appliquée aux besoins de l'homme,
dans son industrie* et non dans la force de ses
armes.

Ce sont nos besoins qui provoquent l'invention, et la nécessité rend industrieux ; mais
cette industrie se développe d'une manière
plus ou moins grande, selon l'appât qu'on lui
présente ou l'encouragement qu'on lui donne.

Les hommes n'ont créé que lorsqu'ils n'ont
pu trouver de moyens de se passer des objets
dont ils avaient besoin. Ils ont cherché dans
le sol ce qui pouvait leur être utile ; ainsi les
habitans du nord, avant de se livrer aux découvertes des préservatifs contre le froid, les
ont d'abord trouvés dans les fourrures que la
nature leur offrait en ses animaux. Cette mère,
qui a tout prévu, tout calculé de son côté, a
donné à ses animaux leur antidote contre l'in-

tempérie des saisons, et à l'homme son industrie pour les utiliser ou les façonner à ses
besoins.

Du besoin de se vêtir, il en est résulté un
commerce important pour les laines, surtout
dans les pays où la propagation des moutons
y était favorable. La France, qui présente des
avantages nombreux sous le rapport de son
pâturage et de son sol, doit donc donner de
l'encouragement à cette branche de commerce;
aussi, dans cette vue, vient-on de créer une
société d'amélioration des laines, qui compte
parmi ses membres des personnes d'un haut
rang, telles que messeigneurs les princes de
Polignac, de Craön, les ducs Doudeauville, de
Damas, les vicomtes d'Harcourt, de la Roche-
foucault, les barons de Mortemart, Ternaux,
Mme la comtesse Du Cayla (1), et des manufacturiers recommandables dans les personnes
des sieurs Camille Beauvais (2), d'Autre-

---

(1) Protectrice des sciences, des arts et de l'agriculture, elle accueille à son pavillon de Saint-Ouen les
hommes du premier mérite.

(2) *Essai sur quelques branches de l'industrie.*

mont (1), de Rainneville (2), agriculteur
distingué qui préside cette société, Rey, Cel-
lier, Hindenlang, Channebot, etc.

C'est avec l'industrie que le commerce se
soutient; l'agriculture l'alimente, ils s'étayent
réciproquement; mais tant que cette agriculture sera soumise à la routine, on ne doit en
attendre que de lents développemens. Il serait
donc de la plus grande utilité de mettre en
usage les moyens de perfection adoptés par
l'expérience, et profiter de toutes les amélio-
rations que le temps, l'étude ont fait éclore.

La France, qui semble favorisée par la
nature, est loin de produire en raison de sa
fertilité. L'agriculture, guidée par l'ignorance,
livrée aux préjugés, rejette constamment les
bonnes doctrines. La Belgique, la Hollande,
l'Angleterre, restreintes à un territoire bien

---

(1) Voir l'Extrait d'un Rapport sur les moyens d'encourager l'introduction des moutons dishley en France.
(*Société d'Amélioration des laines,* 1er Bulletin.)

(2) M. de Rainneville joint à une connaissance très
étendue dans l'agriculture, des vues profondes sur
l'économie politique, et une modestie rare.

moins spacieux, produisent relativement bien plus que la France.

La division des propriétés a donné beaucoup de prix aux terres; elle a même imprimé un mouvement salutaire à l'agriculture. Cependant, nous osons le dire, si l'on donnait plus d'extension à ce système, la France, privée de bestiaux et par conséquent d'engrais, finirait par s'*infertiliser*. Plus les propriétés sont morcelées, moins l'amélioration des troupeaux peut s'effectuer. L'Angleterre nous offre des preuves de cet exemple; ce sont les plus riches fermiers qui possèdent les plus nombreux troupeaux; les soins multipliés qu'on leur donne, tendent à leurs propagation et amélioration, tandis qu'en France ils dépérissent faute de soins. Il est même à craindre que les bêtes à longue laine importées ne périssent ou ne se dénaturent complétement, si les *éleveurs* ne se conforment pas à l'hygiène anglaise.

Les laines sont, pour ainsi dire, l'expression du sol; les mérinos ont prospéré sur les pâturages secs et peu fertiles. La France, dont le sol et le climat sont si variés, offre une très grande quantité de localités humides propres aux moutons à laine longue et brillante, aussi

doit-on désigner pour les races, soit espagnoles, saxonnes ou anglaises, les pays qui
leur conviennent, et non les élever indistinctement sur tous les points, car chaque espèce a
besoin du climat qui convient à sa nature.

M. Camille Beauvais est le premier qui depuis dix ans ait fait sentir l'importance et les
avantages qui résultent pour la France de
l'introduction et de la propagation des races
anglaises de Leicestershire, du Southdown,
espérons que les efforts qu'il a faits seront cou-
ronnés de succès.

Jalouse d'étendre son commerce, la France
possède aujourd'hui les plus beaux types de
mérinos saxons, grâce aux soins de M. Ternaux
qui le premier les a introduits.

Honneur aux hommes assez amis de leur
pays pour tenter de semblables importations !
Et dernièrement encore, les meilleures races
anglaises viennent d'être introduites. Sa Ma-
jesté, qui a senti les avantages qui en résulte-
raient, a donné le premier l'exemple en faisant
acheter par son ministre une partie du troupeau de M. Calvert. Ce grand exemple donnera, il faut l'espérer, un élan favorable à la
généralisation de cette précieuse race.

Mais il ne suffit pas, dans un pays, d'avoir des types de races étrangères, il faut en suivre l'éducation, en connaître l'emploi, en exciter la propagation, en favoriser l'accroissement et l'encourager par tous les moyens possibles; je dirai plus, l'honorer même; car puisque c'est au sol que nous devons nos produits, c'est sur celui qui le cultive qu'il serait convenable de faire retomber et l'honneur et l'avantage. Plus le gouvernement portera ses vues sur l'encouragement, plus il augmentera sa richesse.

On sent ici combien l'éducation des troupeaux est essentielle à la partie manufacturière qui fera l'objet de notre ouvrage, puisqu'ils sont la base des produits et des élémens de la fabrication des draps. Aussi donnerons-nous quelques développemens à cette partie. La première importation qui se fit en 1809, par un Anglais [M. Wollaston (1)], fut celle de moutons à longue laine. L'importance de cette

(1) Cet Anglais jouit d'une grande considération à Rouen, où il a des propriétés qu'il fait exploiter; et ses connaissances en économie rurale tournent au profit de la France.

introduction fut bientôt appréciée et envisagée comme un moyen de rétablir l'industrie manufacturière des étoffes dites rases. Le désir de connaître plus à fond les meilleures races, et les procédés de la fabrication, détermina plusieurs manufacturiers d'aller explorer à cet effet l'Angleterre. MM. d'Autremont et Camille Beauvais allèrent exprès dans ce pays pour y étudier les ressorts de cette vaste industrie, et parvinrent à décider le gouvernement français à acheter des bêtes à longue laine, pour ne plus à l'avenir être tributaires des Anglais en ce qui concerne les laines brillantes et longues.

Il en est des animaux comme des marchandises, tous ne présentent pas les mêmes qualités ; le grand art est de reconnaître leurs défectuosités, afin de ne pas laisser multiplier les vices qu'on y remarque. Les Anglais ont un tel scrupule sur le choix de leurs bêtes, qu'ils ne conservent, pour la reproduction, que celles qui présentent une nature fortement constituée et exempte de défauts.

Avant que l'on n'introduisît chez nous les mérinos d'Espagne nous ne comptions qu'une race ordinaire, dite moutons du pays, qui servait aux étoffes grossières et aux besoins du peuple. Les beaux draps de Sédan, de Louviers, d'Elbeuf, ne se fabriquaient qu'a-vec la laine d'Espagne achetée à grands frais ou échangée contre d'autres marchandises. C'est à l'infortuné Louis XVI que nous devons la première introduction de ces mou-tons espagnols; mais depuis que l'importation a eu lieu en 1807, la préférence a été donnée à la laine de ces animaux sur celle indigène. De ces deux époques date la 2ᶜ race que nous possédons. L'expérience a prouvé, depuis qu'ils se sont élevés chez nous, que leur laine, quoi-que d'un même sang, a plus de souplesse et d'élasticité que celle des mérinos espagnols; ce qui tient nécessairement au climat.

En rapprochant la 3ᶜ race des moutons mé-rinos saxons nouvellement introduite par les soins de M. Ternaux (1), nous serons à même de voir que la laine de cette race est plus douce, plus moelleuse que celle de nos mérinos fran-çais, qualités qui se rapportent au climat, au

(1) M. Ternaux est celui des fabricans qui a donné le plus d'élan à l'industrie manufacturière dans les arti-cles de draps.

2

sol de la Saxe, et c'est cette espèce que les Anglais recherchent dans-le commerce comme la plus belle des trois races dont nous venons de parler (laine électorale).

Ici nous remarquerons que le mouton espagnol ne doit la sécheresse de sa laine et sa blancheur qu'à l'action du soleil qui brûle la toison de ces animaux dans les voyages habituels que les pâtres leur font faire à travers l'Espagne ; l'exercice les renforce, tandis que les nôtres sont sans cesse abrités, et souvent privés d'air; quant à la longueur de la laine, nous l'attribuerons à l'humidité des climats, et nous en tirerons les preuves dans les races anglaises et hollandaises, qui sont exposées aux brouillards et couchent constamment dans les prairies.

C'est donc dans la manière d'élever les races, de les placer dans les régions qui leur sont propres, de les faire parquer dans les parties de la France qui leur conviennent, que nous parviendrons à en tirer le plus grand avantage.

L'art d'élever les animaux, le soin de leur donner des abris plus aérés, les desséchemens, les prairies artificielles multipliées sur des sols

infertiles, l'assolement qui a remplacé les ja-
chères, ont apporté une amélioration sensible
dans le système agricole qui convient à cette
espèce d'animaux, et de cette amélioration il en
résultera un accroissement de richesses pour
toutes les branches d'industrie.

Les draps qui se fabriquaient autrefois ne
pouvaient utiliser nos laines indigènes, que
l'inertie des propriétaires ruraux avait fait
dégénérer ; l'ignorance et les faux calculs nous
avaient long-temps rendus tributaires de l'Espagne ; nous n'avions en effet, en 1789, que
les laines du Roussillon, de Narbonne, Béziers, et une partie de celles du Berry, qui,
amalgamées avec celles d'Espagne, produi-
saient les draps demi-fins ; maintenant que les
importations ont eu lieu, il est à croire que,
dans quelques années, les draps acquerront un
degré de finesse et d'accroissement qui rempla-
cera ceux fabriqués avant la révolution.

Que de grâces n'aurons-nous pas à rendre
au gouvernement, s'il persiste dans un système de protection qu'il accorde aux manufactures, et surtout en pensant à la richesse
que ces établissemens versent dans nos contrées. Chaque village devient ville, où l'indus-

trie se porte. En parcourant les pays manufacturiers, l'on ne peut s'empêcher d'honorer les
chefs qui en sont l'âme. Les villes de Louviers,
Elbeuf, Sédan, Beauvais (1), j'ose même
dire les petites bourgades, telles que Jouy (2),
Tarare, Liancourt (3), Roubaix (4), présentent un mouvement de population qui concourt à la prospérité de l'état; et la philan-
thropie des hommes qui ont formé ces établissemens est trop connue, pour ne pas mériter
nos éloges et ceux du siècle.

Des considérations générales nous ont en-
traîné dans des discussions préparatoires au
Manuel de la Fabrication des Draps, considérations que nous avons été forcé de restrein-
dre; nous allons maintenant voir la manière
dont M. Bonnet à divisé ce Manuel.

Cet ouvrage didactique, fruit de trente ans
d'observations, avait d'abord été présenté à S. E.

---

(1) Loignon, draps.

(2) Oberkampf, toiles.

(3) La Rochefoucault-Liancourt, coton alépine. On
voit chez lui le premier pont sans arche qui ait été
construit en fil-de-fer ; c'est une miniature en ce
genre.

(4) Toile des Sarots.

le ministre de l'intérieur, et accueilli par lui avec obligeance et protection. L'extrait même en avait été imprimé par ses ordres. Il se compose de deux parties bien distinctes, celle qui regarde particulièrement les fabricans, et celle qui concerne les contre-maîtres; on sent que leurs occupations sont différentes, et pour ne pas confondre les travaux qui leur sont propres, on a classé en deux parties la fabrication des draps.

La première partie traitera de la laine, de la manière de l'assortir, du lavage, échaudage, drossage, tissage, foulage, etc., et se suivra dans toutes ses parties jusqu'au moment de sa fabrication.

Peut-être parviendrons-nous à convaincre les manufacturiers que si chacun a sa manière d'opérer, il y a cependant dans le système de toute fabrication, une unité qui ne varie que dans ses accessoires.

La deuxième partie étant détachée de celle qui concerne les fabricans seuls, traitera de la fabrication, des contre-maîtres, leur emploi, leurs devoirs à remplir; car il est nécessaire que chacun suive la partie qui lui est affectée.

Cet ouvrage utile aux manufacuriers, renferme non seulement les moyens de suivre une fabrication, mais encore ceux de bien tisser, laver, carder les laines, de les conserver dans leur pureté, et démontrera quels sont ceux à employer pour acquérir des avantages, comme aussi à réprimer les fautes que les ouvriers peuvent commettre, soit volontairement ou involontairement, et y porter remède après les avoir reconnues.   P. A. LEBLANC.

Puisse cet ouvrage être couronné de succès, et mériter l'approbation des hommes qui se livrent au commerce, à l'agriculture, et protégent l'industrie manufacturière !

PREMIÈRE PARTIE.

POUR LES FABRICANS SEULS.

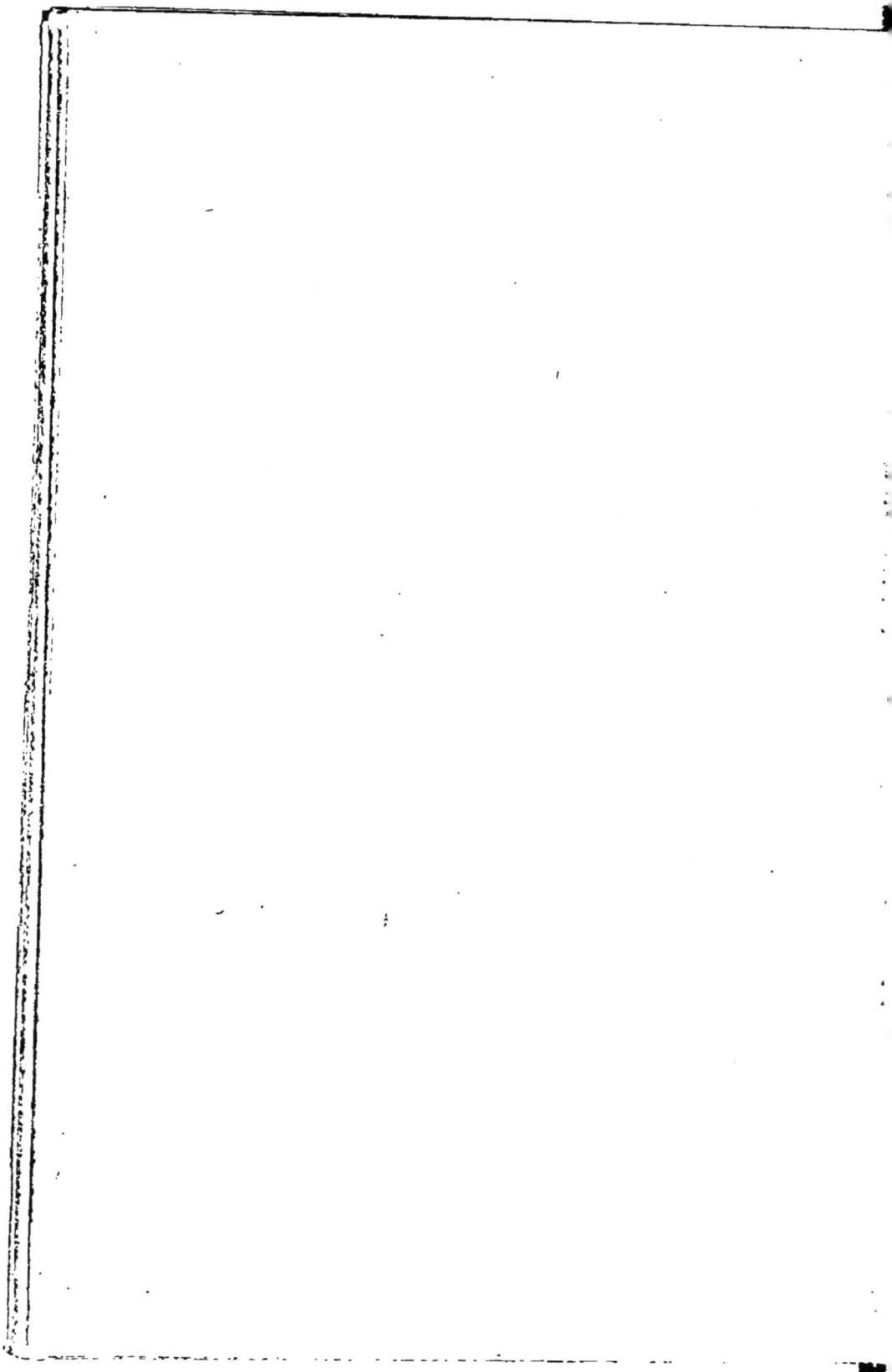

MANUEL

DES

FABRICANS DE DRAPS.

PREMIÈRE PARTIE.

CHAPITRE PREMIER.

DES DRAPS.

L'EMPIRE de la mode et de la délicatesse dans les choix des étoffes a passé dans l'étranger, et si l'on interroge les fabricans du Languedoc qui depuis des siècles étaient en possession de fournir des draps communs à l'usage du Levant et des côtes d'Afrique, ils diront que les qualités fines seules sont d'une vente facile; que sur ce point, et malgré l'immense avantage de leurs relations commerciales si multipliées, les Anglais ont peine à soutenir la concurrence des produits de nos fabriques sur les marchés des deux mondes : il est certain qu'en Espagne, en Allemagne, dans les deux Amériques, et dans le Levant, nos draps obtiennent souvent sur ceux de l'Angleterre une préférence méritée. ·

Il est d'autant plus urgent d'activer les moyens de maintenir nos supériorités, que la Flandre et la Belgique ont appris, par une longue habitude des rapports continuels et immédiats, à connaître tous les progrès de notre industrie commerciale.

Nous avons tout ce qui peut nous favoriser à cet égard, et si les réglemens qui ont immortalisé le règne de Louis XIV et le génie de Colbert, sur la police de nos manufactures, avaient été suivis, les manufactures jouiraient encore de leurs droits et prérogatives, auraient conservé leur ancienne splendeur, et tiendraient le premier rang sur le continent.

Ces ordonnances ont été ou négligées ou horriblement mutilées; je sais que l'industrie ne doit pas être entravée, que la liberté est l'âme du commerce, et que cette liberté amie de la paix ne peut exister que sous un gouvernement légitime, qui honore le prince et les citoyens qu'elle enrichit.

Le droit d'exercer une profession industrielle aussi importante que celle dont je parle, ne doit pas être indiscrètement abandonné à la cupidité, à la mauvaise foi de ces spéculateurs en tout genre qui ont si long-temps usurpé l'utile et respectable titre de cultivateurs et de commerçans.

Il faut que chaque fabricant indique d'une manière indélébile et invariable sur chaque espèce d'étoffe sortie de ses ateliers 1°. la qualité, 2°. le lieu de la fabrication, 3°. le nom de la raison de commerce, et afin de prévenir à cet égard tous les subterfuges de l'avide ignorance, il faut que ces indications soient en gros caractères bien distincts et foulés avec le drap même.

L'admission légale de ce mode rendrait la contrefaçon presque impossible, et nous y sommes d'autant plus intéressés que notre supériorité étant bien établie, nos fabricans n'ont à redouter que les contrefacteurs étrangers ; le consommateur achètera avec une entière confiance, et la préférence due aux talens et à la bonne foi sera suffisamment garantie. Les capitalistes livreront leurs capitaux aux chefs des établissemens avec une entière sécurité, si connue sous le règne de Louis XIV. Il est donc de l'intérêt des manufacturiers de redoubler de zèle, d'activité et de soin dans leur fabrication, pour non seulement soutenir la concurrence des étrangers, mais obtenir, s'il se peut, le perfectionnement dont l'esprit d'industrie et de travail est capable, et assurer par là un débouché considérable qui procure l'existence à tant de familles occupées dans leurs manufactures, et dont le produit, par le retour, devient avantageux à toutes les classes de la société.

Les draps varient par leur finesse, leur largeur,

leur force et leur souplesse ; cette diversité a lieu dans presque toutes les manufactures, et les draps en reçoivent une dénomination relative.

~~~~~~

CHAPITRE II.

DE LA LAINE, DE SON CHOIX, ET DE LA MANIÈRE DE L'ASSORTIR AVANT LE LAVAGE.

La nature de la laine, sa longueur plus ou moins considérable, et sa qualité en déterminent l'emploi ; chaque climat produit les siennes, mais elles se soutiennent, ou se perdent, ou acquièrent en beauté, en finesse et propreté, par la sorte de nourriture, le soin et le régime que l'on fait observer aux animaux qui la donnent.

Un bon manufacturier ne doit employer que les laines qui sont propres à chaque genre de tissus qu'il fabrique ; il faut que cette même laine ait, au moins, six à huit mois de pile ou de balle ; les anciens fabricans ne les employaient que d'une année à l'autre, excluaient de leurs amalgames toute laine tendre, comme pélures et agneaux, qui ne donnent aucune consistance à l'étoffe.

Une laine trop nouvelle, quoique bien dégraissée, conserve dans le tube de chaque poil, une huile qui ne ressort que quelques mois après qu'elle a resté en pile ou en balle, par une fermentation naturelle ; aussi un drap fabriqué avec une laine nouvelle n'est jamais corsé et devient gras, quoique bien foulé et sous toilette, par la fermentation qui s'opère naturellement, soit avant la confection, soit après.

Un manufacturier fait ses achats dans diverses contrées : les unes sont feutrantes, et non les autres; celles-ci sont molles, celles-là ont le poil clair ; l'emploi fait séparément devant donner un mauvais résultat à la confection de l'étoffe, alors le grand talent consiste à former cet amalgame, afin de réunir le degré de finesse et la qualité convenable à la fabrication des tissus auxquels il veut la destiner.

Si le chef d'une manufacture ne connaît pas la propriété des différentes qualités des laines, il ne pourra jamais réussir, car pour diriger une fabrique, il faut réunir toutes les connaissances pratiques.

Les laines qui s'emploient dans la fabrication des draps pour les Échelles du Levant se récoltent toutes en France, celles du Roussillon et Corbières qui avoisinent le Languedoc sont les plus propres à former la chaîne; et celles de Béziers, Pézénas, les métis et mérinos formant la trame, donneront des draps corsés d'une qualité superfine dans ce genre de draperie; si l'amalgame est bien fait et les opérations bien suivies, les fabricans

3

n'auront pas à craindre la concurrence des fabriques étrangères.

Un bon manufacturier doit acheter suivant ses
moyens et sa consommation, les laines en suint
autant qu'il lui est possible. La première opération
qui est une des plus essentielles, celle à laquelle il
doit porter tous ses soins, est le déchiffrage ou
classement des toisons suivant leur degré de finesse.

Les qualités doivent être classées suivant l'ordre,
les localités, la température, leurs qualités feutrantes et non feutrantes, les estameuses et cotonneuses, quelques unes ont les mèches longues,
d'autres courtes, il s'en trouve de molles, de
corsées, de diffuses etc.; il est important de
connaître ces diverses qualités, afin de composer
l'amalgame suivant le degré de finesse, et les
classer dans la division des qualités déterminées
d'après les divers genres de tissus : on fait ordinairement trois divisions distinctes, prime, seconde,
troisième.

Cette opération terminée, on commence à
prendre les toisons qui sont classées à la première
division; on ouvre la toison, que l'on étend sur une
claie; l'on sépare les extrémités, la gorge, le ventre, le bas des cuisses, qu'on met ensemble, les
patins à part ainsi que la partie pailleuse, et du
restant de la toison l'on forme la prime, seconde
troisième : voilà tout ce qui est utile pour le déchiffrage et le classement d'une toison.

La première division terminée, l'on passe à la seconde, et puis à la troisième, en faisant toujours attention de classer les degrés de finesse dans les trois qualités à d'autres subséquentes.

~~~~~~

CHAPITRE III.

DE L'ÉCHAUDAGE, DU LAVAGE, ET DU SÉCHAGE DE LA LAINE.

CHAQUE ville manufacturière a sa manière d'échauder, de laver, et de sécher les laines ; je me suis convaincu, par les expériences que j'en ai faites, que les procédés pour le dégraissage les plus économiques pour la main-d'œuvre, et les plus avantageux pour les laines les plus difficiles, étaient ceux que les fabriques du Languedoc suivent, n'ayant recours à aucun des agens qui, comme l'urine, la potasse et autres mordans, durcissent le brin de la laine et altèrent la qualité.

Manière de dégraisser et laver les laines intermédiaires.

On remplit d'eau une chaudière, qu'on fait chauffer de manière à pouvoir y souffrir la main un instant ; on se sert de deux filets à mailles serrées, le premier se met dans la chaudière, pour recevoir la laine en suint, on la remue avec un bâton, et quand elle a resté cinq à six minutes, on relève avec un tour le filet sur la chaudière, et dans le temps qu'on renouvelle cette opération avec le second filet de la même manière, on laisse égoutter la première.

Incontinent après cette opération, elle est portée au lavoir où sont placés trois paniers dans de l'eau courante, et pour trois laveurs; le premier prend une ou deux livres de laine à la fois, la met dans son panier, la tourne et la remue avec une fourche bien polie, faisant en sorte de ne pas la cordonner; après avoir fait faire trois ou quatre tours à la laine, la sort de son panier, la remet au second, qui, ayant fait la même opération, la remet au troisième qui en fait autant, et même davantage, jusqu'à ce que l'eau sortant claire, il l'ôte de son panier, la jette sur le gravier, ou la met dans d'autres paniers préparés exprès pour la recevoir, et une fois bien écoulée elle est portée sur l'étendage.

La préférence donnée au lavage à la fourche consiste en ce que l'on n'a pas besoin de briser la laine après le triage en gros comme on le pratique pour le lavage au bâton, sans quoi on ne ferait que la rouler, et l'on ne pourrait jamais la dégraisser à fond; un autre avantage consiste en ce que cette manière de laver ouvre les mèches de la laine, et que l'on fait le double de travail.

On lave aussi dans le midi, et surtout dans la belle saison, d'une autre manière; les laveurs sont dans des paniers ronds ou longs, et lavent à la jambe, faisant faire quatre tours toujours à gauche, et autant à droite, se la remettant de l'un à l'autre de la même manière qu'au lavage à la fourche : cette manière d'opérer est plus active et moins coûteuse, mais elle n'est guère praticable dans l'hiver, à cause de la rigueur de la saison.

Le procédé de lavage dont il est question réunit encore un autre avantage, c'est qu'il peut s'établir sur toute rivière aussi petite qu'elle soit, il suffit d'être à couvert, avec très peu d'eau et un bassin construit au-dessus des paniers.

Manière de dégraisser et laver les laines métis et mérinos.

Le premier soin est de trier les diverses qualités pour les dégraisser séparément. Cette séparation étant faite, on étend la laine sur des claies de bois, on l'éparpille, et on la bat avec des baguettes pour en faire sortir la poussière et autres ordures; on enlève toutes les mèches chargées de crottin, les parties collées et feutrées. De tous les procédés suivis jusqu'à ce jour pour ces qualités de laine, celui de Gilbert me paraît préférable aux autres; le voici :

On met la laine dans des cuviers; lorsqu'ils sont

remplis, on y verse jusqu'au bord de l'eau
échauffée de 3o à 4o degrés; le lendemain matin,
ou vingt-quatre heures après, on procède au lavage, et autant qu'on le peut l'on place les cuviers
près du lavoir; l'eau du trempage se trouvant
chargée de suint, c'est elle qui est la plus nécessaire au lavage, aussi doit-on la ménager. Cette
opération étant faite, on fait chauffer la même eau
dans une chaudière à ne pas pouvoir y laisser la
main, on met la laine dans ladite chaudière,
moins on en met à la fois, plus le dessuintage est
parfait; on remue avec un bâton ou avec une
fourche de bois bien polie, on soulève continuellement afin de l'ouvrir et la rendre plus pénétrable, si on la retournait, elle se cordonnerait.
Après trois ou quatre minutes de bain, on la retire ou avec les mains, ou avec des fourches de
bois, on la met dans un panier qu'on tient suspendu un instant sur la chaudière pour égoutter et
ne point perdre l'eau; à mesure que l'eau de suint
s'épuise, on en met d'autre; si elle devient bourbeuse, on vide la chaudière; l'eau est assez chaude
si la laine se lave bien. Elle est ensuite portée au
lavoir; l'eau qui cuit bien les légumes, qui dissout
le savon et qui est courante, est la meilleure; pour
bien laver, on place deux paniers à claire voie, et
on la fait passer de l'un à l'autre; il faut bien se
garder de frotter la laine, parce qu'elle se feutrerait, mais on la ramène sans cesse d'un point de

panier à l'autre; quand on lave dans une eau qui n'est pas courante, on se sert de paniers à deux poignées de côté, à l'aide desquelles on plonge et replonge le panier jusqu'à ce que l'eau sorte claire.

Du séchage.

On prend lavée par lavée, on les met sur un pré bien propre, ou sur du gravier, ou sur des toiles de distance en distance, sans les déployer; une heure après que les lavées ont pris croûte, on les retourne en les plaçant dans l'espace du côté qui est sec, et on les ouvre un peu; une autre heure après, si le beau temps et le soleil continuent, on les écarte sur l'endroit sec, de manière qu'elles se tiennent ensemble; si à cette troisième fois elles ne sont pas entièrement sèches, on les met en sillons afin de laisser sécher la place qu'elles occupaient; une heure après on les réétend, et cette dernière opération se renouvelle jusqu'à ce que la laine soit définitivement sèche.

Comme dans le triage en gros les ouvriers peuvent avoir oublié quelques morceaux de laine défectueuse ou étrangère à la partie que l'on sèche, les femmes qui sont à l'étendage doivent être munies d'un tablier, et retirer les parties défectueuses qu'elles peuvent rencontrer, et les porter sur les qualités qui leur sont analogues; de cette manière le temps est utilisé, et on épargne un triage en blanc, puisque le plus essentiel est celui qui se fait en suint.

~~~~~~~~~~~~~~~~~~~~~~~~~~~~~~~~~~~~~~~

CHAPITRE IV.

DU BATTAGE ET TRIAGE.

La laine étant bien lavée et parfaitement séchée, le fabricant manufacturier doit faire l'amalgame de toutes les qualités qu'il a propres à former la chaîne, et celles propres à former la trame ; l'amalgame étant fait, on la bat avec des baguettes sur des claies en bois ou de corde, pour en faire sortir la poussière et les plus grosses ordures.

La laine étant ainsi battue, est donnée aux trieuses ou éplucheuses qui ont soin de la bien manier, pour en ôter le reste des ordures que les baguettes n'ont pu faire sortir.

Après ces deux opérations, la laine est remise à l'atelier de mécanique de filature pour être huilée, cardée et filée, la quantité d'huile à y employer diffère suivant chaque qualité de laine, soit blanche, soit en couleur, et suivant chaque espèce de draperie ; le mécanique donne un degré de filature suivant aussi la qualité de laine, de manière que l'invention du mécanique remplace le cardage, le filage et le dévidage, qui étaient trois opérations distinctes avant ces établissemens. On fait observer seulement que la filature de la chaîne doit être plus torse que la trame, pour pouvoir soutenir le mouvement du métier du tisseur, mais que la trame doit être filée un peu plus gros et moins torse, pour donner le moelleux aux draps et couvrir l'étoffe.

Cependant, malgré que les établissemens à mécanique remplacent le drossage, le cardage, le filage et le dévidage, il est à propos de parler de ces quatre opérations de fabrique dans le chapitre suivant, attendu que les mécaniques ne sont pas établis dans tous les pays, et qu'il existe encore des fabriques où ils ne sont pas en usage. Comme ce traité ne concerne que le fabricant et non l'ouvrier, je ne me suis occupé qu'à faire connaître au premier les défauts qui peuvent résulter dans chaque opération par la faute du second et l'imprévoyance du fabricant, les moyens d'y remédier, m'occupant à faire un second traité pour l'instruction des ouvriers, en donnant le détail de toutes les usines nécessaires.

CHAPITRE V.

DU DROSSAGE, CARDAGE, FILAGE ET DÉVIDAGE.

Du moment que la laine est battue et triée, on la met entre les mains du drosseur, dont l'emploi est d'engraisser la laine avec de l'huile, et de la carder avec des grosses cardes de fer, attachées sur un chevalet de bois disposé en talus.

L'objet du drossage est de bien mêler la laine, d'en multiplier les filets par un léger brisage, et de les ranger en longueur les uns à côté des autres; l'opération de la carde doit disposer la laine à faire un fil uniforme dans la matière et la couleur; une laine bien drossée doit se trouver démêlée, peignée à fond, avoir ses feuillets transparens, et former des petits sillons réguliers. La bordure d'en haut ou talon ne doit pas être grosse, et il faut au bas de la drossée une barbe nommée soie qu'on forme en tirant bien au long, ce qui aide à faire le beau fil.

Du cardage.

Au drossage succède le cardage à petites cardes, il ne diffère que par le plus de délicatesse des instrumens, en ce qu'il se fait sur les genoux, et ne demande pas autant de force; on choisit les cardes d'une finesse proportionnée à la destination de la laine qu'on veut préparer; on tient de la main gauche celle de par-dessous sur le genou, on la charge de laine fort légèrement, on saisit de la main droite la carde de par-dessus, puis on les fait agir l'une sur l'autre en sens opposé; après avoir donné trois tours de carde, on dégage la laine de dedans la carde, puis avec le dos de l'une, on roule sur l'autre le feuillet en lui donnant la forme d'un cylindre ; les deux filets ainsi disposés se nomment loquettes.

Pour reconnaître si les loquettes sont bien faites, il faut qu'en les présentant au jour elles paraissent claires, unies, qu'elles ne soient pas plus garnies de laine d'un côté que de l'autre, qu'en les secouant dans le sens de leur longueur, elles s'étendent sans se rompre, qu'enfin les filamens laineux bien allongés, rangés en sillons, soient sans aucun mélange. Les loquettes ne sauraient être trop légères, surtout pour la chaîne ; plus la laine est adoucie, fine et soyeuse, plus la filature est facile, égale et belle.

Du filage.

La filature est l'opération qui suit immédiatement le cardage ; la laine destinée à faire la chaîne des draps se file à corde ouverte, le mouvement de la roue étant alors plus libre s'accélère plus aisément, le tordage en est plus considérable et s'opère de gauche à droite ; celle pour la trame, qui doit être moins fine, moins torse, beaucoup plus molle, se file à corde croisée, et le tordage se fait de droite à gauche.

Il faut donner au fil une finesse proportionnée à la qualité de la laine relative à son emploi ; la trame des draps doit être filée gros et ouverte,

c'est-à-dire peu torse , afin qu'elle ait la douceur et
la flexibilité qui lui permette d'entrer aisément dans
la chaîne ; cependant l'excès de douceur et d'ouverture l'exposerait à se rompre fréquemment
dans le tissage, ce qui obligerait à faire des nœuds
dont la multiplicité rendrait le drap imparfait; mais
pour la chaîne , il faut la faire torse autant que la
trame est molle et enflée. La laine filée est ensuite
mise en écheveaux , c'est-à-dire dévidée.

Du dévidage.

Le dévidage se fait sur un axe ou dévidoir , qui
a 140 degrés de circonférence ; l'écheveau , tant
en chaîne qu'en trame , est composé de cinq cents
fils sur le dévidoir ; on divise ce nombre en dix
parties égales de cinquante chaque et que l'on
nomme tour , donc l'écheveau est composé de dix
tours ; c'est cette régularité dans la longueur qui
donne au fabricant la facilité de pouvoir faire toujours la destination de la matière , sans autre examen que le nombre des écheveaux qui se trouve à
une livre de fil.

CHAPITRE VI.

DE L'OURDISSAGE.

Ourdir une chaîne, c'est assembler tous les fils dont une chaîne doit être composée, les étendre sur l'ourdissoir par portées les unes près des autres sans les mêler, leur donner également à toutes la longueur que doit avoir la chaîne, et les croiser aux extrémités pour faciliter au tisseur l'opération de la monter sur le métier et la passer dans les lisses. Chaque portée est composée presque toujours de quarante fils ou de deux demi-portées de vingt fils chaque.

Les réglemens fixent la quantité de fils que doit avoir la chaîne, et la largeur pour chaque espèce de draperie, tant sur le métier que foulée; mais ces qualités dépendent le plus souvent de la mode et du caprice du fabricant. Je m'abstiens de donner le nombre des fils de la chaîne, la largeur sur le métier pour chaque espèce de draperie, et le nombre des écheveaux pour chaque qualité, composés de cinq cents fils chacun.

Avec des matières égales, on fabrique des draps de plusieurs qualités; mais un des principaux moyens de donner aux draps différens degrés de force, c'est de proportionner le nombre des fils

4

de la chaîne, sa largeur sur le métier, et la quantité de trame qui doit y entrer pour obtenir l'effet
que l'on souhaite, car c'est la trame qui donne du
corps, puisqu'un drap fait de chaîne sur chaîne ne
reçoit pas autant de laine, et n'a plus le même
moelleux que si l'on a employé de la trame dont le
fil n'est pas aussi retors que celui de la chaîne;
car il arrive quelquefois par inadvertance qu'un
écheveau de chaîne trop tors pour la trame, se
trouve sur une bobine dans la navette du tisseur,
cette portion de drap reste pour ainsi dire dans le
même état, c'est-à-dire qu'elle ne garnit point la
chaîne; en conséquence, point de feutre au foulon, point de garnir au chardon, enfin cet endroit
du drap est tout-à-fait défectueux.

Ainsi, plus on veut que le drap soit corsé, plus
il faut qu'il y entre de trame; la chaîne filée trop
grosse est souvent un obstacle pour faire entrer
dans un drap de la trame, parce que le fil trop
gros de la chaîne ne pouvant jouer, soit dans les
lisses, soit dans le rot, se croise difficilement et
rejette la trame.

Pour obvier à cet inconvénient, il faut diminuer
les fils de la chaîne; on augmente la longueur du
rot sans augmenter le nombre des fils; ainsi, dans
ce cas, une chaîne de deux mille six cents fils
pourrait se réduire à deux mille quatre cents, et
faisant cette réduction on change la dénomination
du drap.

Une règle générale pour faire des draps forts, c'est d'augmenter la largeur sur le métier, c'est-à-dire d'allonger le rot ou peigne pour faciliter la croisure de la chaîne et l'entrée de la trame : il est évident que si l'on augmente d'un quart la largeur du drap sur le métier, le nombre des fils de la chaîne restant le même, il y entrera un quart de trame de plus qu'il n'en serait entré sur la largeur ordinaire de ce nombre; et si, par l'opération du foulage, ce même drap est réduit à la largeur ordinaire de ce nombre, il est aussi évident qu'il sera un quart plus fort.

Si, au contraire, on veut faire un drap très mince ou superfin, tel qu'on le demande dans certains pays, et cependant de la même largeur après le foulage, il faut diminuer un peu la largeur du peigne; on y mettra quelques centaines de fils de plus en chaîne qu'à celui d'une force ordinaire. Mais l'on remédie à tout en diminuant ou augmentant les fils de la chaîne, selon que le fil se trouve trop gros ou trop fin.

CHAPITRE VII.

DU COLLAGE.

On encolle la chaîne pour la rendre plus ferme et plus aisée à employer ; et afin qu'elle résiste au frottement du peigne sans bourrer, il faut qu'elle soit collée uniformément. Un bain trop chaud dissout et attendrit la laine, un trop froid fait le même effet ; on étend la chaîne le matin dans les grandes chaleurs, et pendant le soleil dans l'hiver.

CHAPITRE VIII.

DES LISIÈRES.

Les lisières des draps sont faites ordinairement avec du poil de chèvre ou de la laine longue qui vient du Levant, ou des laines communes du pays ; on n'a point égard à leur finesse, mais il faut qu'elles soient fortes et très longues.

CHAPITRE IX.

DU TISSAGE ET DU NAPPAGE.

On doit tisser le drap à trame mouillée ; cette opération adoucit la matière, la rend moins élastique, plus souple à l'entasser dans la chaîne : il faut donc faire tremper la trame plus ou moins de temps dans un cuvier, ou dans de l'eau de pluie de préférence à toute autre. Lorsqu'elle est suffisamment pénétrée d'eau, on la retire du cuvier, on la met égoutter sur des bâtons, et l'on fait les bobines ; mais lorsque l'air est humide, que la colle dont la chaîne est imprégnée se ramollit, que les fils de cette chaîne se gonflent, perdent de leur consistance, deviennent très cassans, il faut alors moins mouiller la trame, parce que le trop de mouillure augmenterait tous ces inconvéniens.

La manière de lancer la navette et de la recevoir est la même pour fabriquer un drap que pour toute autre étoffe ; il faut qu'elle soit toujours lancée horizontalement pour qu'elle n'ouvre la chaîne ni dessous ni dessus, afin qu'aucun fil ne soit rompu.

Les doubles duittes doivent être regardées dans la fabrication des draps comme un très grand défaut, parce que si à l'épinsage on ne tire pas un fil qu'il y a de plus, il se fera au foulage une côte que les apprêts n'effaceront pas ; si l'on tire ce second fil qu'il y a de trop, indépendamment de la perte de la matière et de la diminution du drap sur la largeur qu'occasionnera cette soustraction, on rompra facilement quelques fils de la chaîne, ce qui n'arrive guère sans former quelques trous.

Après une cessation de travail et au moment de le reprendre, les ouvriers doivent mouiller la dernière partie fabriquée de la toile ; sans cette précaution, les premières duittes ne s'approcheraient pas des anciennes, et il se ferait des clairières qui ne s'effaceraient ni par le foulage ni par les apprêts.

Les inconvéniens d'une chaîne trop tendue sont d'augmenter d'autant la difficulté de l'ouvrier, de casser plus de fils, et d'apporter trop de résistance à la trame pour qu'il en entre suffisamment. Les inconvéniens plus grands d'une chaîne moins tendue sont de consommer beaucoup plus de trame qu'il ne faut, bourrant en partie, et se perdant aux apprêts ; de n'obtenir qu'un tissu lâche et mou, et d'avoir moins d'aunage. C'est un grand inconvénient d'incliner le peigne, il doit être dans une situation verticale, et chasser la duitte horizontalement.

Le plus grand des inconvéniens est de rompre beaucoup de fils, et de les laisser courir sans les

raccommoder ; au foulon , le drap , à raison de ce
défaut , rentre plus promptement sur sa largeur ,
et n'acquiert de consistance et de force qu'aux dépens de sa longueur.

La largeur est très difficile à rendre égale par
les poches qui se forment dans la partie où la matière abonde , tandis qu'à chaque trace de fil cassé ,
deux fils se réunissant ensemble font dans la longueur qu'ils ont courue une côte dans le drap, semblable à celle qui résulterait d'un gros fil ; s'il se
rencontrait deux fils rompus, l'un d'un côté et l'autre
de l'autre , la trace serait double et l'inconvénient
aussi, car il y aurait quatre fils de chaîne réunis ,
et toute la partie de la trame sur la même longueur.

La lardure, la rosée vide, le pas d'Angleterre
et le pas d'araignée sont de très grands défauts ,
mais moins ordinaires, quoique assez fréquens de la
part des tisseurs mauvais ouvriers; parce qu'en
effet les fils d'une chaîne trop tendue peuvent
se casser aisément en toutes sortes de mains , et que
les autres défauts que je viens d'indiquer n'arrivent
guère de la part des bons ouvriers.

La lardure a lieu lorsque plusieurs fils de suite
plus ou moins tendus que les autres, ou arrêtés
ensemble, ne se croisent pas avec les fils de la
trame, et que ceux-ci passent au-dessus et au-
dessous de la chaîne sans se croiser, et forment
un effet qui résulte ou de ce que l'ouvrier tient

mal les pieds, ou d'un fil rompu entre les lisses et le peigne, qui s'embarrasse dans les autres fils et en arrête le jeu; on répare le mieux possible cette faute en rapprochant les fils voisins de ceux que l'on vient de rompre, afin que la trame se trouve entrelacée. C'est communément sur le pas gauche que se font les lardures, parce qu'alors la chaîne se croisant sur le derrière des lisses, il s'ouvre à la navette un passage moins grand que sur le pas droit dans lequel la croisure se fait devant.

La rosée vide se dit de deux fils s'alliant entre deux broches. Le pas d'Angleterre se forme quand deux fils, l'un du pas de derrière, l'autre du pas de devant, se trouvent rompus aux deux côtés de la rosée vide; après les avoir allongés, on les passe dans cette même rosée.

Le pas d'arraignée se dit de deux fils de différens pas qui manquent entre deux broches, ou plutôt dans deux rosées contiguës. Ces trois défauts ne préjudicient à l'uniformité de la toile, et ne sont guère sensibles, que par le vide et le clair qu'on remarque dans la partie de la chaîne; mais c'est au fabricant, si une chaîne est mal filée ou mal collée, ou que la matière en soit mauvaise, à dédommager le tisseur du temps qu'il perd à lutter contre ces inconvéniens auxquels il n'a point de part.

Si pour les draps fabriqués en couleur, ou à

teindre en une seule couleur, on doit prévenir ces inconvéniens, ou être attentif à les réparer, à plus forte raison doit-on le faire sans délai à l'égard des draps sans envers, et à teindre d'une couleur différente sur chaque face : la teinture pénétrerait bientôt par le moindre de ces défauts.

L'ouvrier doit encore éviter, dans le cas où plusieurs fils se rompraient dans le même temps et au même lieu, de les renouer tous à la fois ou sur la même direction; il doit les renouer à quelques duittes les uns des autres, parce qu'autrement il s'y formerait un bout de grosse trame qui s'élèverait et paraîtrait sur le drap.

L'un des meilleurs moyens d'employer avec moins d'inconvéniens une chaîne mal filée, dure et bouchonneuse, est de l'huiler un peu de temps en temps entre les lisses et le peigne; ce moyen adoucit une chaîne mal collée, les fils s'accrochent moins les uns aux autres et coulent mieux.

Pour conserver au développement une situation à peu près horizontale, et que les fils jouent librement dans les lisses et dans le peigne, on soulève l'ensouple de temps en temps, à mesure qu'il se dégarnit; et pour que le drap à mesure du tissu ne s'échauffe pas sur le petit ensouple, il faut rejeter sur le faudet la partie fabriquée, à la réserve de deux ou trois longueurs, pour que le travail soit bien partout également tendu. On évite que le drap s'échauffe sur le faudet, en le changeant de

plis de temps en temps, plus fréquemment en hiver, parce qu'un drap échauffé dans le tissage dé-
périt dans les apprêts. Les fabricans doivent faire
attention de faire tenir aux tisseurs leur ouvrage
propre, arracher et couper les barbes des fils ou
nœuds qui paraissent à la surface du drap.

Lorsqu'ils portent le drap, on doit le visiter, en
leur présence : à cet effet, on le passe en un lieu
très éclairé sur deux perches très élevées, distantes
l'une de l'autre de deux ou trois pieds ; le fabricant se met au-dessous en face du jour, tire le
drap par les lisières tout doucement, de manière
qu'il soit possible d'y découvrir le moindre défaut.
Avant cette visite on vérifie si le poids de la chaîne
et trame s'y trouve ; on s'assure ainsi de la fidélité
de l'ouvrier.

Le nappage, épinsage d'un drap, consiste à en
tirer d'abord, avec de petites pincettes de fer fort
pointues, tous les nœuds, bouts de fil double,
duittes, petites pailles et autres ordures, et à rapprocher les fils voisins pour garnir les vides : cette
opération pour les draps fins a lieu au moins trois
fois, la première sur le drap en toile : la seconde
en gras ou en eau, et la troisième au sortir des
apprêts.

CHAPITRE X.

DU FOULAGE, DES OPÉRATIONS QUI L'ACCOMPA-
GNENT, DES INGRÉDIENS EMPLOYÉS, ET DES
SOINS QUE LE FABRICANT DOIT AVOIR DANS
CETTE OPÉRATION.

Un drap n'est tel que par le foulage qui le feutre ; l'instrument avec lequel on le foule s'appelle
foulon, et l'ouvrier qui le dirige porte le nom de
foulonneur ; il n'est aucune opération de celles qui
concernent la fabrication qui exige une pratique
plus éclairée et qui demande une attention plus
suivie ; aussi je vais exposer ce travail avec tous les
détails que nécessite son importance.

Les eaux crues ne valent rien pour le foulage,
elles dissipent le savon plutôt qu'elles ne le dissol-
vent, elles donnent de la rudesse et de l'âpreté,
elles durcissent la laine ; une eau visqueuse dégraisse toujours mal : aussi faut-il choisir les eaux
pour établir les moulins à foulon, et prendre celles
des petites rivières dont l'eau est vive et bonne à
boire.

Des ingrédiens qui s'emploient dans le lavage, dégrais-
sage et le foulage.

L'urine, la terre-glaise et le savon sont les
agens généraux, et presque les seuls en usage
dans ces différens cas ; les deux premiers combinés
par l'action et la chaleur avec la graisse du drap
qui se détache pour se précipiter sur eux, forment
des véritables savons solubles à l'eau, et qui
opèrent comme le savon même employé en nature.

Il s'est fait des liqueurs alcalines qui laissent
le plus souvent l'étoffe trop sèche dans la pile, et
l'exposent à être foulée inégalement et rapée par
place ; l'urine, dont on n'use que lorsque sa propriété alcaline est développée par la fermentation
putride, doit s'employer sans mélange d'eau, surtout
sans mélange fait postérieurement à la fermentation
dont on vient de parler ; le drap en serait bien
moins lavé, bien moins foulé, inconvéniens que
l'on pressentirait en tordant la pièce en quelqu'une
de ses parties : s'il en sortait, au lieu d'une liqueur
savonneuse, une eau roussâtre, cela n'irait pas
bien.

Ce n'est guère à la couleur de la terre-glaise que
l'on doit s'arrêter, elle est grise de bien des nuances verdâtres, rougeâtres et noirâtres : le mieux est
d'extraire la terre à foulon long-temps avant de
l'employer. Il faut au moins que tirée au printemps, l'été soit passé avant qu'on en dispose ;

plus elle est sèche, mieux elle se dissout; employée trop fraîchement, trop nouvellement extraite, elle ne prend point toute son adhérence, elle ne se divise point entièrement, elle se colle au drap, y fait des placards, elle ne détache pas toute la graisse dont il est nécessaire que le drap soit purgé, elle le tare souvent par les sables et grabeaux; on doit, par conséquent, éviter de la tenir exposée à la pluie, car elle se laverait, et perdrait une partie de sa substance onctueuse. Avant de faire usage de cette terre, on en met une certaine quantité dans un cuvier plein d'eau, d'où on la tire à mesure qu'on en a besoin; mais en la maniant et remuant de manière à n'en laisser échapper aucune partie qui ne serait pas divisée entièrement.

Les savons ne diffèrent pas moins dans leurs composés factices que les terres à fouler dans leur composé naturel, c'est le résultat d'une union intime d'un alcali fluide et d'une huile. Les savons que l'on emploie dans le foulage des étoffes sont durs ou moux: les premiers, désignés sous le nom de savons de Marseille, sont faits avec l'huile d'olive, et se tirent de cette ville ou autres pays méridionaux; les seconds, sous le nom de savons noirs, sont également composés avec de l'huile d'olive, et l'on n'en emploie presque pas d'autres dans le Languedoc.

Au nord de la France, la plus grande partie des savons employés au même usage est faite à l'huile de graines ; ils prennent le nom de savon rouge, savon vert, etc., suivant la couleur que leur donne la sorte de graine dont on a extrait l'huile.

Avant que d'employer le savon dur, il faut le faire dissoudre sur le feu avec une assez grande quantité d'eau, en le divisant en copeaux fort minces pour qu'il se réduise en bouillie très claire, et le manier dans l'eau pour le délayer ; s'il est mal dissous, il reste long-temps en pâte dans la pile du foulon, il s'y étend mal, les parties du drap qui n'en sont pas suffisamment atteintes bourrent et s'évident, tandis que celles où il abonde, et où il reste trop souvent et trop long-temps, sont dégradées de couleur.

A l'égard du savon mou, il suffit d'en empâter le drap suffisamment par quantités et distances à peu près égales, et de commencer le foulage avec une action douce et lente, qui donne le temps à la pièce de drap de s'imbiber partout également avant qu'il ait agi sur elle d'une manière sensible.

Du lavage.

On purge le drap de l'huile et de la colle qui ont servi d'intermède à la préparation des laines à carder et des chaînes ourdies, on les dégraisse soit avant soit après le foulage, suivant la nature des ingrédiens employés à cette dernière opération.

S'il est question de le fouler au savon, la meilleure des méthodes est de mettre le drap hors de graisse avant le foulage, parce que le savon contient des parties qui empêchent la laine de se dessécher et de tomber en bourre : s'il existait une surabondance de matière grasse, elle contraindrait le drap dans la pile, il n'y tournerait pas également et ne se foulerait pas aussi bien.

Se propose-t-on de fouler à l'urine, on doit pour modérer la causticité de l'alcali de l'urine, et en augmenter l'onctueux, laisser au drap toute l'huile et la colle dont il est imprégné; de quelque manière et avec quelques ingrédiens qu'on veuille laver et dégraisser un drap, il est toujours bon et même essentiel de ne pas différer cette opération long-temps après la fabrication de l'étoffe, qui pourrait s'échauffer, entrer en fermentation, se dessécher ensuite, se durcir au point de rendre le dégraissage très difficile : le moyen, dans des cas forcés, de préserver les draps de tous ces inconvéniens, est d'éviter de les mettre les uns sur les autres, de les tenir en lieu sec, de les plier, de les éventer d'un bout à l'autre une fois par jour.

Lorsqu'il s'agit de laver à la terre, on commence par bien mouiller le drap, pour en amollir la colle, et le bien disposer à s'enduire de terre; à cet effet, on le met en rond, on le replie et serre sur lui-même, tortillé sur longueur, dans la pile à laver; on débouche les trous, on lâche un ou deux filets d'eau, qu'on augmente peu à peu jusqu'à ce

que le drap soit imbibé à fond ; au bout d'une
demi-heure, on le retire de la machine, on le
met à égoutter sur le chevalet, et lorsqu'il ne
coule plus d'eau que celle qu'il lui faut pour bien
délayer la terre et la faciliter de se répandre, on le
remet en rond dans la machine dont on a rebou-
ché les trous. A mesure qu'on le rempile, on lui
distribue environ deux seaux de terre bien délayée, bien épurée ; ensuite on le fait battre pendant
trois quarts d'heure sans l'abandonner, jusqu'au
moment où dégagé de partout et absolument libre
de tourner, il roule uniformément sur les pilons :
on retire encore le drap de la pile, on examine s'il
a de la terre partout pour lui en donner où il en
manque ; on le rempile, et on le laisse battre pendant une heure au moins, jusqu'à ce qu'ayant levé
un coin du drap et ayant exprimé l'eau, il paraisse
net.

Soudain on le dégorge en continuant de le faire
battre, lui donnant de l'eau peu à peu, et débouchant les trous de la pile. Quand la terre est bien
délayée, qu'elle paraît partout pénétrée d'eau, et
dans la plus prochaine disposition d'entretenir la
graisse et de s'échapper du drap, on le retire, on
le réétend, on le change de plis, on le replie, on
lui donne de l'eau en abondance, on le fait battre
à grande eau jusqu'à ce qu'elle en sorte claire et
nette, enfin on le retire, et on le met à égoutter
sur le chevalet.

S'agit-il de laver le drap à l'urine, il n'est question que de le mettre en rond dans la pile, avec la quantité d'urine suffisante pour mouiller à fond et le faire tourner; on le suit, on le visite, comme il est indiqué par l'opération précédente, et l'on s'assure du bon effet. Lorsqu'en tordant un coin du drap, il en sort une humeur gluante et visqueuse, la colle est dissoute, l'huile en est détachée, l'une et l'autre sont en disposition d'être expulsées par l'eau.

Les principales attentions à avoir dans le lavage des draps, sont qu'ils soient bien égouttés avant de leur donner terre, sans quoi ils s'affaissent, s'empâtent et se collent, ils tournent difficilement, roulent inégalement, bourrent et s'évident; qu'ils soient toujours battus fort lentement, pour qu'ils ne s'échauffent pas et ne se feutrent pas, que l'eau ne leur soit donnée d'abord qu'en très petite quantité, autrement la terre se délayerait mal.

On estime que pour rendre les draps parfaitement nets, et les draps fins surtout, l'urine est préférable à la terre; fondé sur ce que celle-ci dilate, ouvre la chaîne, et établit toujours un commencement de feutrage qui recouvre en partie les ordures échappées à l'épinsage en gras, au lieu que l'urine par sa qualité d'astriction laisse au contraire plus à sec ces ordures, qu'on extrait alors des draps avec plus de facilité. Bien laver les draps, est un point essentiel avant de fouler au savon.

L'urine a encore cette propriété à l'égard des draps teints en laine, d'aviver certaines couleurs, et de même de dégrader les autres aussi bien que la terre et le savon.

Le drap lavé et sec est de nouveau livré aux épinseuses, dont le devoir est de n'y laisser subsister aucun corps étranger, et de rétablir autant que possible par le rapprochement ou l'écartement des fils, sans en rompre ni en arracher aucun, l'uniformité du tissu et de la couleur ; c'est ce qu'on appelle l'épinsage en maigre, après lequel les draps sont rapportés au foulon, pour y être dégraissés à fond et préparés au foulage.

Du dégraissage à fond, et de la préparation au foulage.

Par la raison qui fait préférer l'urine pour le lavage des draps, on doit préférer la terre-glaise pour le dégorgeage; c'est le cas de procurer au drap la plus grande disposition à se bien défiler ; la terre, très délayée, dans l'état le plus savonneux, ramollit les fibres de la laine un peu durcie et desséchée par l'urine, elle pénètre la corde du drap, tant de la chaîne que de la trame, en divise toutes les parties, et s'unit avec les corps gras qui ont résisté au lavage.

Dans cette opération, comme dans la précédente, on fait d'abord machiner le drap, après l'avoir placé en rond dans la pile, et y avoir mis de la terre délayée en quantité suffisante ; lorsqu'il a été battu l'espace d'un quart d'heure avec un filet d'eau, l'on arrête le cours de celle-ci, et l'on fait marcher le drap durant six heures, plus ou moins, jusqu'à ce que toute la graisse soit entièrement dissoute et absorbée par la terre ; plus cette union est intime, plus la matière combinée qui en résulte est visqueuse et épaisse, et plus elle bouillonne et elle écume sous les pilons, mieux on augure du dégraissage.

Le drap est parfaitement dégraissé, lorsque après en avoir lavé une place prise au hasard, après en avoir exprimé l'eau et le regardant au travers du jour, on n'y aperçoit aucune tache noire, jaune ou grise, et qu'il paraît clair dans le fond ; alors on dégorge la pile en faisant battre pendant deux heures avec un filet d'eau, puis à grande eau pendant autant de temps, puis on le retire et on le fait égoutter ; on remet ensuite le drap dans la machine pendant autant de temps et de la même manière que la première fois, avec cette différence, attendu qu'il est encore mouillé quand on l'empile, qu'on supprime le filet d'eau, lorsqu'il s'en trouve assez pour qu'il tourne aisément ; enfin on le dégorge par degrés pour le mettre entièrement hors de graisse.

On doit scrupuleusement observer dans ces deux opérations tout ce qui est prescrit dans celles qui les précèdent au lavage, mais il faut avoir le soin de lisser d'heure en heure ; cette manœuvre exige deux personnes. On tire le drap de la machine, on l'étend, on le tire de main en main par les lisières ; par cette action on évente le drap qui perd la chaleur qu'il a contractée dans la pile, et l'on remédie aux faux plis, surtout vers les lisières qui rentrent considérablement par le moyen de la terre ; le drap, sans cette précaution, se trouverait rempli de plis tellement mariés, qu'il serait très difficile de les étendre en lissant moins souvent le drap, qui serait exposé à être foulé par parties avant d'être ouvert et bien dégraissé.

On teint en bleu et en vert les draps en toile ; les bleus de cuve sont ordinairement teints en toile : si la couleur est terne, mal unie, si le drap est taché, tous ces vices proviennent d'un mauvais dégraissage ; la graisse se dissout par la chaleur de la teinture, mais faute de matières absorbantes elle n'est point extraite, elle s'étend par placards seulement, où la teinture ne peut pénétrer comme dans les autres parties, ce qui s'aperçoit plus évidemment après le garnissage et la tonte du drap ; il est donc important de le bien dégraisser, soit qu'on le teigne en toile, ou après les apprêts.

En général on peut établir pour règle, que plus un drap est lissé en terre, mieux il se dégraisse,

mais il perd sur sa longueur, et mieux il est disposé
à prendre à la teinture une couleur unie, et acquiert un feutre doux et serré.

Lorsqu'en regardant au grand jour un drap en
toile dégraissé, il paraît net et sans taches et flottant dans la main, qu'il n'exhale aucune odeur
désagréable, que sa corde dilatée et gonflée a
perdu une grande partie de son tors, lorsque
toutes ces apparences se réunissent, on peut juger
que le drap est bien dégraissé, et qu'il est convenablement préparé pour la suite des apprêts auxquels il doit être assujetti.

Du lavage des draps teints en noir ou en bleu.

Pour bien purger les draps teints en noir, il
faut qu'ils soient machinés à la terre, comme le
sont les draps en toile à la sortie de l'épinsage en
maigre, observant de ne les point, au préalable,
faire battre à l'eau pure, mauvaise pratique qui
durcit le drap; on est dans l'usage de donner deux
terres aux draps noirs fins ou superfins, et une
seulement aux draps communs. Plus un drap teint
a été machiné en terre, plus il est doux et net; on
reconnaît qu'un drap est bien lavé, lorsqu'en le
frottant avec un linge blanc il ne laisse aucun
teint; s'il tachait encore, il faudrait le faire machiner à la terre et à l'eau, et cela jusqu'à ce qu'il
fût parfaitement net.

A l'égard des draps bleus, on les imbibe seulement d'une eau claire un peu blanche de terre, on les machine avec cette eau pendant deux ou trois heures, puis on leur donne peu à peu le nécessaire pour les dégorger.

S'il est nécessaire de soigner les draps et de les manier souvent dans l'opération du dégraissage, à plus forte raison doit-on le faire dans le lavage des draps noirs et bleus, qui sont plus épais, et tournent plus difficilement dans la machine; on doit surtout se hâter, quant aux draps bleus, de les purger du moment qu'ils sont teints, parce que cette teinture durcit et altère la qualité, si on ne les fait laver de suite.

Du dégorgeage.

Lorsque le drap est foulé, pour profiter du moment de sa chaleur, et du plus grand degré de fluidité du savon, on doit le dégorger en le mettant à plat dans la machine, et l'y faisant battre pendant une heure avec un filet d'eau, puis à grande eau jusqu'à ce qu'elle sorte claire de la pile, alors on le sort et on le met à égoutter; s'il s'y montrait encore quelque tache ou quelque placard de savon, il faudrait lui redonner de la terre jusqu'à ce qu'il fût net.

Cependant à Elbœuf on dégorge le drap différemment, et la méthode qu'on emploie est d'un

très bon effet ; rangé à plat dans une grande pile,
et battu à l'eau pure jusqu'à ce que le savon
mousse abondamment, il est aussitôt arrosé de
quinze à vingt seaux d'eau qui entraîne entièrement tout ce qui s'est détaché du savon. Comme
le volume du drap augmente beaucoup dans ce
travail, deux hommes placés de chaque côté de la
pile le maintiennent avec un bâton chacun, ensuite on va le houer au trempoir deux fois d'un
bout à l'autre, puis on le remet dans la pile, on
le fait battre d'abord avec une légère eau jusqu'à
ce qu'elle soit claire, on le rapporte au trempoir
en le houant encore, et on le fait sécher.

Du foulage au savon.

Toutes les opérations précédentes ne sont que
préparatoires à celle-ci ; c'est elle qui fait rapprocher, entrelacer, feutrer, et qui fait qu'une toile
en laine, dont la chaîne et la trame se croisent sous
forme de corde, se gonfle, s'épaissit, qu'elle acquiert la douceur du moelleux, qu'elle se couvre
d'un duvet très doux qui fait entièrement disparaître le tissu, et qu'elle se convertit en drap.

Dégorgé parfaitement, égoutté au point de
n'être plus qu'humide, le drap est mis dans la pile
à foulon ; on a fait dissoudre dans l'eau et sur le
feu sept ou huit livres de savon blanc suivant
l'étendue de la pièce ; on met à part la moitié de

cette dissolution, on verse par-dessus une seconde eau chaude, ce qui procure environ deux seaux de bain savonneux et léger qu'on nomme eau blanche; lorsque ce bain est refroidi, on en arrose le drap à mesure qu'on le met en rond dans la pile, qu'on fait battre alors très lentement, puis par gradation, puis précipitamment, durant dix, douze et quinze heures et plus, suivant qu'il est par sa qualité et sa préparation plus ou moins disposé à être foulé, et qu'il a peu ou beaucoup perdu de son étendue.

De deux en deux heures, on le retire de la pile pour le lisser, lui redonner du savon plus ou moins épais où il en est besoin, et examiner ses différens progrès en le maniant, et le mesurant de distance en distance sur la largeur.

A chaque fois qu'on le rempile, on le range de la manière la plus convenable pour qu'il rentre également et qu'il prenne assez d'épaisseur; pour cet effet, on le tord plus ou moins sur sa longueur, selon qu'il a plus ou moins de peine à se rétrécir, ou on le met à plat s'il paraît se rétrécir trop vite, ou enfin on le tord seulement dans les endroits qui sont plus larges, et on le met à plat dans les plus étroits. On fait fouler le drap debout ou à plat en le doublant sur la largeur, et le pliant en zig-zag sur la longueur en l'empâtant.

Lorsqu'il est réduit d'environ un pouce au-delà de la largeur qu'il doit conserver, et qu'il a l'épais-

seur et la fermeté qui lui sont propres, on le fait
battre à plat durant un quart d'heure, après quoi
on le retire de la pile pour dégorger dans la machine; la raison de le faire battre à plat lorsqu'il
est assez rentré est d'en effacer les plis, qui devenant ineffaçables lorsque la pièce est refroidie, occasionneraient des inégalités de tension qui le feraient craponer, et l'exposeraient ensuite à être endommagé par les ciseaux du tondeur.

L'eau dans laquelle on met une partie de la dissolution du savon pour commencer l'opération du
foulage, est nécessaire en ce qu'elle augmente la
fluidité de cette dissolution, que l'étoffe en tourne
mieux dans la pile, que le foulage en est plus lent,
moins partiel et plus général. Ceux qui négligent
ainsi le premier bain de savon, et qui prétendent suppléer à cette eau par celle qui est dans le
drap en le laissant moins égoutter qu'il ne convient, tombent également dans la difficulté d'un
foulage graduel et uniforme; l'étoffe tourne avec
plus de peine, le savon s'étend lentement et très
mal, des parties se foulent plus tôt que d'autres
qui bourrent et s'évident.

Si au lieu d'employer l'eau de savon froide, on
l'emploie chaude, comme font quelques foulonneurs, on court le risque de hâter le foulage avant
que la corde du drap soit ouverte, avant qu'il soit
défilé; au lieu d'être souple et moelleux, son
feutre sera sec et mou, il sera plus ou moins sec

ou plus ou moins mou, suivant que le foulonneur aura foulé plus vite sur sa longueur, car il faut que la chaîne ainsi que la trame se détordent, se dilatent en même temps, et en proportion convenable, pour que le feutre acquière à la fois le moelleux et la consistance qui lui sont propres.

Comme le drap est susceptible de se fouler plus tôt ou plus tard, suivant que la chaîne ou la trame a plus ou moins le degré du tors, comme le foulage est plus vite ou plus lent, suivant qu'il a été mieux ou mal préparé, suivant que la laine est plus ou moins douce, suivant le compte des fils plus ou moins hauts et le tissage plus ou moins fort, le foulonneur doit faire attention aux causes indiquées et à leur effet, pour tenir le drap soit debout, soit à plat; le tordre plus ou moins fort, ou ne le point tordre; l'étirer, le lisser plus ou moins fréquemment pour en tirer les faux plis, éviter les poches; l'éventer pour lui donner à propos du savon où il en manque, et ménager d'abord la quantité de celui-ci en l'étendant dans beaucoup d'eau à proportion que le drap est moins ouvert, moins défilé, et dans le cas contraire de l'empiler plus en rond, et de le faire battre plus vivement, puisqu'il n'est question pour le faire rentrer beaucoup et promptement sur sa largeur que de lui donner du savon, et de le tordre fortement en le mettant en rond dans la pile; mais pour lui donner de l'épaisseur sans perdre beaucoup sur la largeur, c'est de le faire marcher debout ou de plat, en le rangeant par petites plissées dans la pile.

Pour toutes ces opérations, il faut que le fabricant, qui doit connaître à fond toutes les parties de son art, guide le foulonneur dans toutes ses pratiques, l'instruise pour chaque chose en particulier, de la nature de la laine, de la filature, de la largeur, du compte de fils dans lesquels la chaîne a été travaillée sur le métier, de la largeur à laquelle elle doit être réduite, enfin de la manière dont elle doit être foulée. D'après cela, avec de l'intelligence, une grande pratique et de l'attention, on peut obvier à la plus grande partie des inconvéniens.

Si le drap, quelque quantité de savon qu'on lui donne, paraît l'absorber toujours, et que cependant il s'évide, qu'il n'entre point en largeur, c'est une preuve qu'il a été mal dégraissé; il faut le transporter dans la machine, l'y mettre hors de savon, puis le faire battre à une terre bien délayée et très étendue qui achève de le purger de sa graisse; ensuite on le met en pile pour achever de le fouler.

Lorsque le drap n'est pas très gras, ce qu'on juge au tact, relativement au savon qu'il a reçu, il peut suffire sans interrompre le foulage de verser dans la pile un seau ou deux d'urine. Veut-on rendre de la largeur à un drap qui par quelque cause serait trop rentré dans certaines parties, il n'est question, à l'avant dernière lissée, que d'y répandre de la terre bien délayée, et de le faire battre en rond dans la pile; le feutre se ramollit, se détend, et les parties trop torses, trop rentrées, se rétablissent dans leur longueur : on peut aussi amincir un drap et l'allonger en le faisant battre à plat. La rentrée ordinaire d'un drap pour constituer un feutre le plus beau et le meilleur, est d'un tiers sur sa longueur, et de trois septièmes et demi sur sa largeur, toujours relativement au degré d'épaisseur qu'on veut lui donner.

Il est d'expérience que les draps foulés au savon ont plus de douceur que ceux foulés à l'urine, ce qui vient de ce que les premiers ayant eu plusieurs terres antérieurement à cette opération se sont mieux détrempés, mieux défilés dans la machine, que les autres n'ont pu le faire en marchant dans la pile avec l'urine, puisque celle-ci a en effet plus de constricité que le savon même.

CHAPITRE XI.

DE LA VISITE DES DRAPS AU RETOUR DU FOULON.

LE drap étant porté du foulon à la fabrique, est mis à la perche pour voir s'il est de force et de qualité à supporter les apprêts. Plusieurs défauts que l'on aperçoit peuvent être une suite de l'inattention du foulonneur, mais d'autres sont tout-à-fait indépendans de sa vigilance. Comme dans ces visites le foulonneur doit être présent, il faut que le fabricant soit assez instruit du devoir du foulonneur pour rendre un jugement équitable entre lui et son ouvrier. Je crois devoir joindre ici des réflexions qui peuvent avoir leur utilité.

J'ai dit que le foulonneur devait à ses différentes lissées jeter la mesure sur le drap pour voir s'il rentre également partout; et comme cela n'arrive presque jamais, le foulonneur doit tordre les endroits larges, et faire fouler à plat les autres; car, comme il a été dit et expliqué ci-devant, le drap tordu dans la pile foule très peu sur sa longueur, pendant que sur sa largeur il se restreint beaucoup; et comme les inégalités de la largeur d'un drap causent souvent des contestations entre le fabricant et le foulonneur, il est bon d'examiner d'où elles proviennent, afin de reconnaître si le foulonneur doit être seul responsable de ces inconvéniens, et de plusieurs autres accidens qui arrivent assez fréquemment dans cette opération, et s'il n'est pas juste que le fabricant en supporte quelquefois sa part.

Les foulonneurs doivent être seuls responsables des taches de savon et autres, des accrocs, des échauffures, parce qu'ils ont pu les éviter en y donnant attention; mais si les inégalités qu'on remarque viennent de ce que la laine aura été brûlée à la teinture, alors c'est le fabricant ou le teinturier qui doit en répondre.

Les inégalités dans la largeur doivent être supportées, tantôt par le fabricant, tantôt par le foulonneur, car les draps tissus inégalement ne peuvent rentrer dans le foulage à une largeur égale, parce que les parties moins garnies de trame rentrent plus promptement en largeur que celles qui sont bien fournies : ce défaut arrive encore quand il y a beaucoup de fils cassés de la chaîne, et quand une chaîne est inégalement torse, car les fils plus tors se défilent plus difficilement que ceux qui le sont moins.

Il ne serait pas juste de rendre les foulonneurs responsables des mauvais ouvrages provenant de la filature et des tisseurs ; néanmoins, comme dès la première lissée ils s'aperçoivent des endroits qui rentrent plus que les autres, et que comme avec beaucoup d'attention à faire battre tantôt debout, tantôt de plat, ou en tordant, ou en mettant plus de savon, ils peuvent parvenir à corriger ces défauts, il est juste qu'ils supportent une partie, mais non le tout du dommage, parce que c'est au fabricant à prendre garde que la filature soit égale, et que les tisseurs fassent leur devoir : mais les foulonneurs sont particulièrement dans leur tort, quand le fabricant les a prévenus des défauts d'une pièce de toile, et qu'il leur a recommandé de redoubler d'attention.

Ces détails font voir que le foulonneūr doit bien examiner le drap avant de le mettre dans la pile, et voir s'il est bien ou mal tissé pour en suivre les mouvemens pendant toute l'opération, afin de varier ses manœuvres.

S'il aperçoit que la pièce est mal tissée, il doit commencer par la fouler à l'urine, et la finir avec le savon. Comme cette substance fait rentrer promptement le drap, il resterait peu dans la pile, et paraîtrait épais à la main, mais lâche et mou dans le pied et dans le fond, et les poils altérés ne pourraient supporter les apprêts; malgré toutes ces observations, un drap qui aura été très mal tissé ne sera jamais d'un bon usage, et il serait injuste de s'en prendre au foulonneur.

Il y a des réglemens qui fixent la largeur des draps au retour du foulon; le foulonneur fera bien de la tenir un pouce ou un pouce et demi plus étroit que ne prescrivent les réglemens, parce que tous les draps augmentent de largeur dans les apprêts qu'on leur donne au retour du foulon.

Il ne faut pas prendre à la rigueur la dose des drogues qu'on a fixée pour dégraisser et pour fouler, non plus que le temps des opérations, car toutes ces choses varient suivant beaucoup de circonstances; par exemple, si un drap est sec et depuis long-temps tissé, il faudra lui donner plus fréquemment du savon ou d'autres drogues que s'il sortait récemment du métier : on en usera de même, quand on s'apercevra que le drap se pèle et se bourre. Une laine nouvelle exige moins d'ingrédiens qu'une ancienne, ainsi il est toujours à propos d'avertir le foulonneur du drap qu'il a à travailler.

Quoiqu'il ne soit pas possible de détailler tous les accidens qui arrivent à la foulerie, cependant, pour ne rien omettre d'important sur un objet aussi essentiel, je veux parler de ceux qui arrivent le plus ordinairement, et indiquer les moyens d'y remédier.

On voit quelquefois une humeur gluante qui se répand sur la superficie d'un drap qu'on foule au savon, et on en conclut avec raison qu'il est mal dégraissé; le meilleur moyen d'enlever cette espece de boue qui empêche le feutre, est de donner au drap un demi seau d'urine, elle dissout cette boue grasse, et la corde se défile.

Si le même accident arrive aux draps que l'on foule en graisse pour y avoir mis trop d'urine, comme dans ce cas le défaut vient de ce que le poil a été trop dégraissé, il faut pour y remédier lui rendre de l'huile.

Quoique l'on se persuade avoir pris toutes les précautions nécessaires, il arrive quelquefois qu'un drap qu'on croyait net en sortant de la pile, se trouve gras quand il a reçu les derniers apprêts.

Voici ce qu'on peut faire pour remédier à cet accident :

On délaye de la terre-glaise dans l'eau, en sorte qu'elle soit liquide ; on la laisse reposer un quart d'heure afin que le plus grossier de cette terre tombe au fond de la cuve ; on prend la superficie de ce cette eau, dont on arrose le drap à sec, ou on le met à travailler un quart d'heure dans la pile à fouler, on le retire pour le lisser, on l'y remet encore pendant un quart d'heure, et s'il est net, on le met dans la pile à dégorger, en lâchant par-dessus un filet d'eau que l'on a soin d'augmenter peu à peu, jusqu'à ce qu'elle soit claire ; il ne le faut mettre à dégorger que quand il paraît bien net, et on finit par le laver au courant d'une rivière.

Avant de terminer cet article sur lequel je me suis étendu à cause de son importance dans la draperie, je vais donner une récapitulation abrégée des procédés différens pour le foulage dont on se sert dans les meilleures fabriques de France.

Suite du foulage, seconde méthode.

A Sédan, on exécute les opérations suivantes :

1°. On lave le drap à la terre avant le foulage ;

2°. On le nappe en maigre comme on fait en gras ;

3°. On le renvoie à la foulerie, où on le prépare pour un second lavage avec la terre, afin d'ouvrir les pores du fil, effiler la chaîne et la trame, et les disposer à se marier dans le foulage ;

4º. On foule avec du savon blanc ;

5º. On fait dégorger le drap avec de l'eau , et on l'envoie tondre en herman ;

6º. Le drap revient à la foulerie pour être dégraissé , on le bat en terre afin d'enlever tout ce qui aurait pu y rester de savon ou d'huile ;

7º. On donne un filet d'eau , et on l'augmente peu à peu pour laver parfaitement le drap qu'on porte ensuite aux apprêts.

En Languedoc, comme les terres sont ordinairement mêlées de sable , on n'en emploie presque point, on dégraisse et on foule avec du savon liquide fait avec de l'huile d'olive et de bonnes cendres ; ce savon fait aussi bien que l'autre.

De la méthode qu'on suit dans plusieurs fabriques du nord, surtout en Normandie.

Avant de dégraisser un drap , on le met dans un courant d'eau où il séjourne huit ou dix jours, jusqu'à quinze ; le drap étant retiré de la rivière , on le laisse égoutter, on le met dans la pile avec deux seaux de terre détrempée'; quand on juge que la terre est dissoute , on le met au dégorgeoir pour le mettre hors de terre et dégraisser , et on le porte aux épinseuses ; revenu à la foulerie, on le trempe , on le laisse égoutter, on le met dans la pile avec sept ou huit livres de savon dissous dans l'eau ; après un heure de foulage, on lisse le drap , on le remet dans la pile avec un peu de savon, ce qui se continue de deux en deux heures, jusqu'à ce qu'il soit revenu à cinq quarts moins une lisière.

Alors on porte les draps sur deux larges planches posées en forme de pont sur le travers d'une rivière dans laquelle on jette les draps partie par partie, et à chaque pli, on le frappe quatre ou cinq fois avec un battoir; on le passe ainsi deux fois dans le courant de l'eau, pour commencer à le dégorger du savon, et on achève d'enlever le savon en le tenant deux heures dans le dégorgeoir.

CHAPITRE XII.

DES APPRÊTS.

Partie qui comprend les apprêts qu'on donne au drap depuis la sortie du foulon, jusqu'au moment où il est emballé.

QUAND le drap est foulé partout, on le rend à l'apprêteur qui doit lui donner la dernière perfection. Cet ouvrier doit examiner avec attention comment ce drap a été fabriqué et foulé, pour lui donner les apprêts relativement à sa qualité; c'est là où les plus habiles se trompent souvent.

Si un drap est ferme et fort, l'ouvrier pourr

lui donner tel apprêt qu'il voudra; si au contraire il est mou, creux et ouvert, il doit le ménager au chardon, et avoir l'œil continuellement dessus, pour lui donner de l'eau en le lainant, quand il s'apercevra qu'il en aura besoin; si le drap n'a pas été autant défilé qu'il devait l'être à la foulerie, il pourra par son attention réparer ce défaut.

Pour prendre une idée générale de l'apprêt, il faut savoir qu'il consiste à faire venir le poil sur le drap, et à le ranger par le moyen des griffes du chardon, ensuite couper le poil bien uniment, avec de grosses efforces, puis le brosser, le plier, le presser, et l'emballer.

Pour lainer un drap on l'étend sur deux perches placées de travers à 6 ou 7 pieds d'élévation; ces deux perches sont distantes l'une de l'autre de 12 à 14 pouces, pour que les deux laineurs puissent passer un de leurs bras entre les deux portions du drap qui pend des perches.

Ces perches sont établies au-dessus d'une grande auge de bois ou de pierre, qui est d'une forme carrée à 4 pouces de hauteur, c'est ce qu'on nomme le bac; il sert à recevoir les deux bouts de la pièce de drap, qui pendent des perches, et à les entretenir mouillés au moyen de l'eau qu'il contient. Quand deux laineurs ont travaillé un des bouts de la pièce qui pend des perches, ils l'abattent dans le bac, pour qu'une autre portion du drap prenne sa place. C'est cette quantité de drap

qui descend des perches qu'on nomme *avalées*.
Comme elle doit s'étendre depuis les genoux des
laineurs jusqu'à la hauteur où ils peuvent élever
leurs bras, elle est d'environ une aune.

Pour bien faire un lainage, il faut que le drap
soit bien pénétré d'eau ; en général, la laine mouillée se tire sans se rompre ; comme elle est plus
souple, elle se range mieux, mais cette opération
doit varier suivant différentes circonstances.

Les draps fins et même les draps ordinaires, quoique mal foulés, doivent toujours être trempés dans
l'eau, afin que le chardon n'arrache point la laine
et ne vide pas l'étoffe ; sans cette attention il mon-
trerait bientôt la corde.

Les draps rendus extrêmement durs par le foulage, ou fabriqués de grosse laine, veulent être
travaillés plus à sec pour que le chardon fasse plus
d'effet.

La meilleure eau pour le lainage est celle de la
rivière douce et dormante, l'eau vive et crue resserre et durcit le poil.

Quand on veut voir si les ouvriers ont bien
rempli leur devoir, on présente le drap au grand
jour et on relève la laine avec la main pour examiner si le fond du drap est également bien garni, et
s'il n'y a point de place où le chardon n'ait pas tiré
la laine, car on doit voir la naissance de tous les
poils, pour ainsi dire, comme on voit celle de la
soie au velours.

7

On donne ordinairement trois voies de chardon aux draps fins, quelquefois quatre, selon la force du drap. C'est au fabricant ou à celui chargé des apprêts à prescrire aux laineurs et aux tondeurs ce qu'ils doivent faire.

Il faut que les laineurs placent bien leur chardon, qu'ils le tirent droit et doucement; car des secousses rompraient les filamens. Ils doivent augmenter l'eau à mesure qu'ils se servent de chardons plus forts, et ils ne doivent pas épargner l'eau, quand ils voient que le chardon se surcharge de laine. L'opération du lainage se continue jusqu'à la fin du drap, c'est ce qui s'appelle une voie ou trait; on réitère le lainage trois fois de suite plus ou moins, et quand ces voies ou traits sont faits, on dit que le drap est lainé en première eau ou d'herman.

Le terme de première eau vient de ce qu'on fait tremper le drap dans l'eau toutes les fois qu'on veut le lainer, excepté quelquefois la première, lorsqu'en sortant du foulon on juge le drap assez mouillé. Ce que je viens de dire doit faire entendre ce que c'est que première, seconde et troisième eau; on conçoit encore qu'une voie ou un trait de chardon est un lainage fait depuis la tête jusqu'à la queue de la pièce.

Du lainage en herman.

Après la visite du drap au retour du foulon, on le remet à deux laineurs ou apprêteurs qui lui donnent deux, trois ou quatre traits de chardon doux, c'est-à-dire usé; il est ensuite tondu avec des efforces peu tranchantes. Cette opération, qu'on nomme **herman**, consiste à couper les poils jarreux que la foulerie a poussés hors du drap.

Du lainage en demi-laine ou deuxième eau.

Pour bien faire cet apprêt, il faut que le drap soit bien mouillé; on commence à le lainer avec le chardon le plus doux, et on lui en donne six traits, après quoi on lui en donne six autres avec un chardon plus fort. Il est bon de changer ou de rompre les avalées, parce que l'ouvrier a plus de force au milieu de chaque chardon qu'il donne, qu'au haut ou au bas; ainsi, pour que la totalité du drap soit bien lainée également, il faut rompre les avalées, c'est-à-dire que la partie du drap qui était au-dessous de la tête au premier trait se trouve au deuxième à la hauteur de l'estomac des laineurs.

Les six seconds traits donnés à contre - poil des six premiers étant finis, on donne au drap six autres traits du troisième chardon à contre-poil des seconds, autant du quatrième à contre-poil du troisième, et autant du cinquième à contre-poil du quatrième. On laine de vingt-quatre à trente traits alternativement et à contre-poil, plus ou moins suivant la qualité et la force du drap, pour donner du fond et du pied à la laine sans la rompre; car il y a des draps qui ne peuvent supporter tous ces traits, et d'autres qui en exigent jusqu'à soixante; mais il faut prendre garde qu'à la fin de ce lainage le drap ne soit pas trop mou, et lui laisser de la force pour la troisième eau. Si le drap est fort, il faut le tondre un peu plus qu'entre deux laines; s'il est faible, on le tond entre deux laines seulement.

Je dois remarquer que le lainage donné à la deuxième eau à poil et à contre-poil est bon pour les draps destinés à être teints en noir; parce qu'au moyen de cette pratique, les poils n'étant pas parfaitement couchés, le drap en est plus velouté. Le lainage à contre-poil ne convient guère aux draps de couleur, parce que comme le mérite consiste à avoir l'éclat de la soie, il faut que les poils en soient bien couchés; ainsi quand il s'agit d'un drap de couleur, on laine toujours à contre-poil à la troisième eau.

Il est de l'attention et du devoir des laineurs de donner au drap à chaque changement de chardon le même degré d'eau, sans quoi la laine se trouvant sèche se romprait, et le drap serait énervé.

Quand les laineurs ont fini de lainer le drap en demi-laine ou deuxième eau, ils le laissent égoutter avant que de le porter au séchoir; le lainage en deuxième eau est de vingt-quatre voies de chardon, il se fait comme le lainage en première eau; mais avec des chardons plus vifs et moins usés.

Il faut veiller sur les laineurs; car, pour avancer l'ouvrage, ils sont toujours disposés à se servir de chardon neuf ou peu usé. Le lainage est beaucoup plus parfait quand on tire peu à peu le poil avec un chardon qui ne soit pas trop rude, en augmentant peu à peu jusqu'au plus fort pour aller jusqu'au cœur du drap. Lorsqu'il est séché, il est remis au tondeur pour le tondre en demi-laine, par deux fois, avec des efforces très tranchantes, et de là il passe au laineur pour le lainer en troisième eau.

Du lainage en troisième eau.

Quand le drap est bien foulé et qu'il n'a point trop fatigué à la deuxième eau, il doit prendre du corps; comme il commence alors à se draper, on augmente peu à peu la force du chardon jusqu'à ce qu'il devienne un peu mollet en le maniant, mais il faut lui ménager de la force. Ce troisième lainage sert à nettoyer le poil à fond, à le coucher et à le ranger. Dans cette opération, comme on laine toujours à poil, les laineurs commencent par coudre les bouts du drap ensemble; mais ils doivent observer de changer de lisières, c'est-à-dire de place, toutes les quatre voies, parce qu'autrement, s'il se trouvait un laineur plus fort que l'autre, un côté du drap serait plus lainé que l'autre : ainsi, après avoir cousu les deux bouts du drap, ils le mouillent parfaitement; puis, sans le laisser égoutter, ils le mettent en perche pour le lainer en troisième eau. Le lainage en troisième eau doit se faire à grande eau, c'est-à-dire que le drap doit être continuellement bien imbibé, et on verse dans le bac quand il n'y en a pas assez.

Comme dans les ateliers des apprêts, les chardons sont divisés en cinq sortes, on laine en troisième eau en donnant trois ou quatre voies du premier chardon, deux voies du deuxième, deux voies du troisième, deux voies du quatrième, et deux voies du cinquième chardon.

Les laineurs observeront quand ils seront prêts à donner la dernière voie du cinquième chardon, de découdre auparavant le drap, et, au lieu de tirer l'avalée par-devant dans ce dernier trait, ils la tireront par-derrière pour achever de la lainer par la queue du drap.

Le lainage en troisième eau est de trente-quatre voies de chardon, et il se fait de la même manière que les précédens, c'est-à-dire qu'on donne au drap trente-six coups ou traces de chardon par avalée, et toujours en se servant vers la fin de chardons plus vifs; cela fait, les laineurs mettent à égoutter le drap, et le font sécher pour être ensuite tondu, deux, trois ou quatre fois, suivant que le fond du drap le permet; les draps teints en laine sont quelquefois lainés et tondus en quatrième et cinquième eau, jusqu'à ce qu'ils fassent un beau drapé.

Observations sur les apprêts.

1°. Quand les draps fins doivent rester en blanc, et qu'ils ne sont pas destinés à être teints en noir, les laineurs les font tremper une quatrième fois, et ils les lainent pour la quatrième et dernière fois; ce lainage est seulement de douze voies de chardon, ensuite on les met sécher au grand air, après quoi les tondeurs achèvent de les tondre; ils leur donnent ordinairement dix à douze coupes en tout, y compris la coupe d'envers, et celle de première eau dont nous avons parlé.

2°. Si le drap doit être teint en noir, bleu, jaune ou autre couleur, les tondeurs doivent apporter beaucoup de soin à les tondre en troisième eau, après quoi on le porte à la teinture.

3°. Il faut donc tondre avec beaucoup de soin les draps qui doivent être teints, parce qu'il est

difficile de les bien tondre après, d'autant que les
couleurs n'entrent que médiocrement dans l'intérieur de la corde, et que la tonte blanchirait le
drap. Cependant où ne tond pas entièrement près
les draps qu'on destine à être teints en écarlate,
parce qu'une laine un peu haute fait paraître la
couleur écarlate plus vive et plus brillante; il ne
faut pas non plus tondre de trop près les draps
destinés pour noir; mais quand ils ont été mis en
noir, on ne peut leur donner trop de coupes; plus
ils en reçoivent, plus le poil est arrondi; plus les
draps sont tranchés, plus ils sont doux et beaux.

4°. Il faut s'attacher à bien lainer les draps, surtout ceux qui sont destinés à être en noir, bleu,
écarlate, ou autres couleurs unies; parce qu'une
fois teints, on ne peut pas les lainer de nouveau
sans détruire une grande partie de la couleur, attendu qu'elle ne pénètre pas dans le fond du drap.

5°. Il ne faut pas permettre aux tondeurs de
trop rebrousser les draps, surtout aux coupes
d'apprêt, parce que trop rapprocher dégrade le
drap et lui ôte sa tranche et le brillant. Ceci regarde principalement les draps écarlates et les draps
noirs.

6°. Les draps teints, soit en noir, soit en bleu,
doivent être visités à la teinture, pour voir s'il
n'y a pas de tares ou de trous avant que de les laver, ce qui se fait au foulon. Quand ce sont des

draps noirs, il faut les laver sur-le-champ; car plus ils restent sans être lavés, plus ils durcissent, surtout pendant la chaleur, parce que le sel de la couperose qui pénètre dans le poil, y laisse des tranches grisâtres où il ne paraît point de poil.

Du stricage, ou lainage qui se fait après le lavage des draps teints.

Le drap teint et lavé est remis aux laineurs pour être striqué; cette opération consiste à mettre le drap dans le bac, et à jeter de l'eau dessus pour qu'il soit mouillé et couvert d'eau avant de lui donner ses derniers traits; on fait passer ensuite le bout de la tête du drap par-dessus les perches, et on lui donne, toujours baignant dans l'eau, trois, quatre, cinq, et même six traits avec du vieux chardon; cela fait, on table le drap, et on le porte à la rame, pour y être mis à son aunage, et équarri à sa largeur; le drap étant cloué sur la rame, les tondeurs avec de vieilles cardes de fer courent le drap le long de la rame, et d'autres avec des brosses le courent aussi pour lui coucher le poil, après quoi on le laisse sécher en cet état.

De la tonte.

A voir travailler un tondeur, on s'imaginerait qu'il ne fatigue pas; il est cependant reconnu que le métier de tondeur est un des plus rudes de la fabrique. Les tontes successives sont nécessaires, car si l'on donnait tous les lainages sans tondre, la superficie de l'étoffe se trouvant couverte des premières laines, le chardon ne pourrait plus faire son effet sur le fond du drap, au lieu que la laine étant coupée entre chaque lainage, le chardon couvre la corde d'une nouvelle laine; il faut que chaque coupe soit bien unie, car les sillons qu'on nomme écritaux empêcheraient le chardon de tirer de nouvelles laines, et ce défaut, s'il était considérable, serait très difficile à réparer; par conséquent le tondage est divisé en plusieurs opérations.

Le tondeur attache le drap sur la table par les lisières avec cinq ou six crochets, il doit faire en sorte qu'il n'y ait point de plis, parce que l'efforce en passant par-dessus le couperait infailliblement. Le drap étant mis en table, il relève le poil avec la rebrousse qui est une lame de fer, après quoi il le tond; et quand il est au bas de la tablée, il recouche le poil avec une vieille carde; et cette tablée étant finie, il en recommence une autre : il faut qu'un drap soit bien tondu, bien approché, sans écriteaux ni queues de rat, surtout aux dernières tontes.

Première opération du tondage.

Ce qu'on nomme tondre en herman, consiste

en une seule coupe que l'on donne aux draps avec
des efforces peu tranchantes.

Deuxième opération du tondage.

La deuxième opération est la coupe en demi-
laine : le drap, après avoir été lainé en demi-laine,
est remis au tondeur pour lui donner deux ou trois
coupes, plus ou moins suivant sa qualité, avec
des efforces très tranchantes ; c'est ce qu'on
appelle tondre en demi-laine ou sur la deuxième
eau ; ensuite le drap repasse aux laineurs, pour
être lainé en troisième eau.

Visite des draps que l'on tond.

Quand un drap a eu ses deux coupes en demi-
laine, on le visite pour voir s'il n'y a ni écriteaux, ni mâchures, ni témoins, ni entre-deux,
ni queues de chat ; ensuite on le laine, et on le
tond en troisième eau.

Les écriteaux sont des coupes de force, ou des
sillons trop marqués ; ce qui arrive quand l'ouvrier,
pour avancer l'ouvrage, veut prendre trop de laine
à la fois dans les ciseaux.

Les entre-deux arrivent quand on a trop tablé,
parce qu'une partie reste sans être tondue.

Les queues de chat sont quand on tond sur de
faux plis.

L'encrure se dit quand on laisse fléchir l'efforce.

La mâchure est lorsque l'efforce au lieu de couper le poil, le serre entre deux lames.

Les témoins sont quand on laisse un endroit sans être tondu.

Pour faire la visite dont nous parlons, on pose le drap sur une table au grand jour ; on passe la main à contre-poil, pour relever la laine en différens endroits de la pièce : par ce moyen, on voit si le poil est coupé bien uniment ; s'il est arrondi et bien roulant, et s'il a quelques uns des défauts ci-dessus ; s'il est assez approché, et tondu assez près pour que le chardon à la troisième eau puisse arranger le fond du drap.

On doit aussi examiner alors si le drap ne paraît pas gras ; car si la graisse était ressortie aux apprêts, il faudrait le renvoyer à la foulerie, pour, à son retour, lui faire l'opération de la troisième eau.

Troisième opération, tondre en troisième eau.

Le drap étant bien séché, les tondeurs lui donnent quatre, cinq, six coupes, suivant la qualité, et à la fin de chaque tablée, ils prennent une vieille carde pour ranger et coucher le poil du drap qu'ils avaient été obligés de relever avec la rebrousse ; ce tondage se nomme tondage en troisième eau et en dernier apprêt. Les tondeurs ne doivent pas trop rebrousser le poil aux dernières coupes, surtout à celles d'apprêt.

La rebrousse est un peigne de fer dont les dents sont très courtes et peu pointues.

On emploie ordinairement pour le tondage en troisième eau, les efforces qui ont servi pour la deuxième; si elles étaient trop tranchantes, elles ne couperaient pas le poil si uniment, mais il faut qu'elles le soient plus que pour tondre en herman; les efforces nouvellement émoulues servent d'abord pour tondre en deuxième eau, puis en troisième, et ensuite en herman.

Les envers sont tondus d'une seule coupe qu'on donne bien uniment.

Quatrième opération du tondage.

Elle consiste à donner une quatrième eau aux plus belles qualités des draps fins, afin que les apprêts soient plus parfaits.

Du litage.

Le litage n'a lieu que pour les draps en blanc et teints en pièce. Quand on veut conserver une lisière faite de plusieurs couleurs, on la roule sur elle-même dans toute la largeur du drap, et on l'enveloppe d'une toile très serrée que l'on coud fortement avec de la ficelle.

Dans les fabriques de draps pour le Levant, on se contente de rouler la lisière, et de la fixer ainsi au moyen d'une ficelle dont on l'entoure à petites distances égales, de manière que la couleur de la lisière se conserve en dedans, et la ficelle forme une petite échelle de filamens blancs qui règne tout le long.

De la mise aux rames.

Quand le drap a reçu la dernière eau, avant que les tondeurs lui donnent la dernière coupe d'apprêt et le tondent d'envers, il faut le desserrer et l'équarrir. Pour cela, on accroche la pièce de drap aux rames, on l'élargit s'il est trop étroit, et quand il est rendu à la longueur et à la largeur convenables, on l'arrête, et on le laisse sécher ainsi.

A l'égard des draps teints en pièce, on ne les rame que quand ils sont revenus de la teinture, et qu'ils ont été lavés et dégorgés.

Des perfections que doivent avoir les draps bien apprêtés.

1°. Ils doivent être garnis d'une laine courte et bien peuplée;

2°. Le poil doit être bien tranché, tondu fort près et uniment;

3°. Quand on renverse le poil, on ne doit décvrir que très peu la corde, et apercevoir un fond clair, c'est-à-dire qu'on doit entrevoir la chaîne qui forme un fond sablé.

4°. La substance de l'étoffe doit être mollette et

douce au toucher sans être lâche, et cette mollesse doit être proportionnée à la finesse de la qualité de la laine employée dans le drap.

5°. Il faut que les couleurs soient bien fondues dans les draps mêlés.

Cinquième et dernière opération du tondage des draps qu'on nomme frisés.

La tonte des draps noirs s'appelle tondage en dernier apprêt; ces draps reçoivent trois, quatre, et cinq coupes, plus ou moins suivant leur qualité, et il faut que toutes ces coupes soient bien unies. On tond aussi tous les draps d'envers d'une seule coupe, puis on frise quelquefois les draps noirs d'envers, ce qui dépend du goût du pays où ils doivent êtres vendus ; ainsi on frise les uns et non les autres.

Du pointillage et rentrage des draps.

Les draps de toute espèce après avoir été tondus en dernier apprêt, seront portés à la nappeuse en apprêt, qui avec de petites pinces de fer, tire les pailles et autres petits corps étrangers que la teinture ou les apprêts ont découverts.

La rentrayeuse répare les trous et tares qui peuvent s'y trouver; après ces opérations, on remet les draps aux affineurs, dont le devoir est de les coucher, brosser, tuiler, et presser.

Du couchage, brossage et tuilage du drap.

On le couche sur une table qui est inclinée vers le grand jour, faite comme la table des tondeurs, et couverte d'un tapis de drap ; là on lui donne le dernier apprêt, qu'on appelle brossage et tuilage. Pour exécuter cette opération, on met le drap sur le faudet, on fait passer le bout par-dessus la table, puis l'ouvrier avec une tuile qu'il tient à ses deux mains couche par plusieurs endroits le poil du drap, et à la fin de chaque tablée, il prend un balai et balaye le drap pour ôter la poussière. Il continue cette opération tout le long de la pièce, et la répète cinq ou six fois, afin que le drap soit bien net, et le poil bien rasé ; il le plie en double sur la longueur, en mettant l'endroit dedans et les deux lisières l'une sur l'autre ; il plie ensuite la pièce en zig-zag, de sorte qu'elle se trouve disposée à recevoir les cartons avec lesquels elle doit être mise en presse.

Ce qu'on nomme tuile, est un morceau de bois léger, épais d'un pouce et demi, long de deux pieds et demi, large de cinq à six pouces ; il est enduit d'un côté de matière faite avec de la poix-résine, de la cire, et de la colle-forte, qu'on saupoudre avec un tamis, pendant que le mastic ou la colle est encore chaude, de verre pilé, de grains de sable fin, et d'un peu de limaille de fer ; c'est ce côté de la tuile qui est rude, mais d'un plan parfait, qu'on fait agir sur le drap toujours d'un même sens pour en coucher le poil. Quand le drap est bien brossé, bien tuilé et balayé, on le met en presse.

Avant de parler de la presse, il est à propos de donner une idée de la lisse, dont on se sert dans quelques manufactures pour adoucir et coucher le poil des draps, avant de les mettre en presse.

De la lisse des draps.

La lisse est une plaque de fer très unie, de six à huit lignes d'épaisseur, large de six à huit pouces, et longue de trois pieds; cette plaque est terminée à chaque bout par un manche excédant de huit pouces la largeur de la pièce, afin qu'un homme puisse la tenir commodément de ses deux mains.

Cette plaque de fer est mise sur un fourneau haut de deux pieds et demi, qui porte une grille chargée de charbons ardens; à portée de ce fourneau est une table à peu près semblable à celle des tondeurs, mais rembourrée plus ferme et très plate, d'une largeur égale à celle du drap, et aussi longue que le local le permet. Le drap étant couché sur cette table, on l'arrose avec de l'eau dans laquelle on a fait dissoudre de la gomme arabique, en la donnant comme une rosée, et on passe la plaque dessus, mais auparavant il faut y passer à chaque tablée une carde de fer pour en coucher le poil.

On donne deux, trois et quatre lissées sur la même tablée, suivant la qualité ou l'espèce du drap.

La première tablée étant finie, on remet la plaque sur le fourneau, et on en dispose une seconde comme la première, et ainsi de suite jusqu'à la fin, en ne donnant à la plaque que la chaleur convenable.

Presser les draps.

On laisse les draps au moins deux fois vingt-quatre heures en presse; mais quand il s'agit de draps de couleur qu'on veut lustrer, on les laisse séjourner long-temps, parce qu'il est avantageux de leur laisser perdre leur chaleur avant de les sortir.

Après le tuilage, le presseur met des cartons entre chaque pli; on presse les draps noirs à froid, ainsi que les écarlates; à chaud et au vélin ceux auxquels on veut donner beaucoup de lustre.

Si c'est un drap noir, on retire les cartons qui dans cette espèce n'ont servi qu'à régler la grandeur des plis, et le drap étant plié est mis sous la presse pour y être seulement écati; ces draps n'ont pas besoin d'être pressés au vélin, ils ne séjournent pas long-temps sous la presse, parce que le lustre diminuerait le velouté que doit avoir le noir et même l'écarlate.

Ainsi pour écatir un drap, on le plie d'abord

en deux sur la longueur, l'endroit en dedans, puis on le plie sur la largeur, à l'exception que les plis sur longueur sont plus larges ; on met entre chaque pli un carton fin qui touche les deux côtés du drap par son endroit, et on en met de communs qui touchent l'envers ; comme les lisières sont plus épaisses que le drap, elles nuiraient au pressage, mais de temps en temps on met des cartons dans le drap seulement, sans porter sur les lisières.

On met dessus et dessous la pièce de drap un plateau de bois, une autre pièce par-dessus, jusqu'à ce que la presse soit remplie ; le dernier plateau doit avoir quatre pouces d'épaisseur. On serre fortement ces draps, et on les laisse vingt-quatre heures, plus ou moins, à la presse ; ensuite on ouvre la presse, on retire les draps, et les cartons de chaque pli ; on les replie de nouveau avec les mêmes cartons et de la même manière, non dans les mêmes plis, mais de façon que les endroits qui débordaient les cartons soient mis à la place des endroits qui ne débordaient pas : c'est ce qu'on appelle réchanger. On remet les pièces à la presse avec les mêmes plateaux, et de la même manière que la première fois. Au bout de vingt-quatre heures, on les retire pour les mettre sous toilette, et on les livre en cet état au fabricant. C'est la préparation pour les noirs et l'écarlate ; mais pour ceux qu'on veut lustrer, il

faut les laisser trois jours sous la presse, et davantage si l'on n'a pas besoin de la presse.

Pour donner un plus beau lustre au drap, on
presse au vélin particulièrement les draps blancs,
et tous les autres draps de couleur d'une qualité
supérieure; cela se fait en mettant entre chaque
pli et à l'endroit du drap un vélin, et à l'envers
un ou deux cartons, suivant la puissance de la
lisière. Les draps ainsi pliés sont en état d'être mis
sous la presse; mais avant de les y mettre, on
commence par placer au fond de la presse une
plaque de fer chaud, dessus cette plaque un plateau
de bois, puis deux ou trois cartons avec la pièce de
drap, ensuite un autre plateau, par-dessus une
autre plaque de fer chaud, et on en fait autant
entre chaque pièce.

Dans les bonnes fabriques, on ne met que trois
plaques, une dessous la première pièce, une au milieu, et une par-dessus, et très peu chauffées.

Comme on ne peut mettre d'apprêt aux draps
que l'on presse à froid, il faut les faire tondre
plus ras, et les draps en conservent plus long-
temps leur beauté; ces draps étant mis sous presse
on les y laisse de trois à quatre jours jusqu'à sept;
toutes les opérations étant faites, on retire les draps
de la presse, on ôte les cartons, on les mesure, on
les replie, on les remet sans cartons à l'écatissage,
et puis on les met sous toilette pour être emballés.

Il s'ensuit de ce que nous venons de dire :

1º. Qu'il ne faut pas se proposer de donner du lustre aux draps noirs ou écarlates, et qu'on ne doit pas les presser autant que les autres.

2º. Que les draps mêlés auxquels on veut donner du lustre peuvent être lustrés à froid d'une façon très durable, pourvu qu'on ait des presses fortes, et qu'on puisse y laisser les draps très long-temps.

3º. Qu'il n'y a point d'inconvénient de presser à chaud, quand on n'emploie qu'une chaleur modérée, et que les draps sont légèrement humectés.

4º. Qu'on diminue beaucoup le maniement des draps quand on mouille beaucoup, et quand on excite une grande chaleur : il y a même certaines couleurs qui ne peuvent supporter cet apprêt.

5º. Qu'il ne faut jamais employer la gomme : elle peut à la vérité donner du brillant au drap, mais cet éclat se détruit à l'humidité.

Connaissances nécessaires pour juger de la qualité des draps fabriqués.

1º. Quand la laine n'a pas été assez cardée, elle ne fournit pas sa soie également ; si le fil est d'inégale grosseur, on reconnaît cette imperfection dans le drap en le maniant, parce qu'alors on peut juger s'il est également fort partout :

aussi les fabricans doivent avoir le soin d'assortir la filature, tant de la chaîne que de la trame.

2°. Il faut éviter d'employer des laines de moutons morts, on reconnaît ce défaut en maniant le drap, qui se trouve mou et sans soutien, parce que cette mauvaise laine se détruit lors des apprêts.

3°. Il faut que les lisières soient égales partout, et que la largeur de l'étoffe soit aussi égale partout.

Les fabriques de France qui travaillent pour les Échelles du Levant ont besoin d'être encouragées, et pour qu'elles reprennent leur ancienne splendeur, il est nécessaire qu'elles suivent les réglemens qui sont contenus, relativement aux draps destinés pour le Levant, dans les arrêtés et ordonnances des 22 octobre 1697, 20 novembre 1708, et 15 janvier 1732; c'est le plus sûr moyen à employer pour recouvrer notre supériorité dans cette partie manufacturière, soutenir la concurrence des puissances étrangères, maintenir les fabriques, assurer les moyens d'existence de la classe ouvrière, et tranquilliser les capitalistes qui ont des relations d'intérêt avec les manufacturiers : sans cette précaution, la France perdra insensiblement toute sa consommation au Levant.

FIN DE LA PREMIÈRE PARTIE.

SECONDE PARTIE.

DE LA DRAPERIE POUR L'INTÉRIEUR, ET POUR L'HABILLEMENT DES TROUPES.

La fabrication de la draperie pour l'intérieur et pour l'habillement des troupes est à peu près la même que celle que j'ai démontrée dans la première partie, tant pour les draps blancs que pour ceux teints en pièce, en laine, et les draps mêlés.

La draperie varie par la finesse, la largeur, la force et la souplesse, cette diversité a lieu dans toutes les manufactures; la qualité des laines qu'on emploie, le nombre des fils en chaîne, la quantité de trame, la largeur sur le métier et au retour du foulon, donnent une énonciation relative, et dénomment chaque espèce et chaque qualité de drap; chaque ville manufacturière a son genre de draperie, et sa consommation assurée plus ou moins dans différens pays, différentes provinces et divers royaumes.

Je vais parler des diverses villes manufacturières, de la qualité de leurs marchandises, des laines qu'elles emploient, et des endroits où leur consommation est la plus assurée et la plus forte.

CHAPITRE PREMIER.

On peut diviser en trois classes les fabriques de France, et les distinguer en fabriques supérieures, fabriques intermédiaires, et fabriques communes.

Des fabriques supérieures.

Les villes manufacturières qui tiennent le premier rang sont celles de Sédan et ses environs, Abbeville, Louviers et Elbœuf.

Sédan se distingue surtout pour la fabrication des draps écarlates et blancs, Abbeville pour les noirs, Louviers pour les bleus, et Elbœuf pour les mêlés et toutes les couleurs unies. Ces manufactures emploient les premières qualités des laines, et les draps qui en résultent servent pour la première classe de la société; elles font aussi des draps intermédiaires, et quelles que soient les qualités de laine qu'elles emploient, les soins qu'elles prennent pour la fabrication, pour les couleurs et pour les apprêts, leur donnent la priorité sur les autres fabriques.

Cette priorité leur est acquise surtout depuis l'introduction des races espagnoles en France; leur débouché est général dans toutes les grandes villes, en Espagne, en Italie, et chez toutes les puissances du nord.

Quoique dans ce moment tous les états de l'Europe possèdent les races d'Espagne, et que cette possession leur procure de grands avantages; quoiqu'ils fassent tous leurs efforts pour augmenter le nombre de leurs manufactures, pour nuire à notre système manufacturier et aux débouchés énormes que nous avions pour toutes sortes de tissus en laine; notre supériorité sera toujours incontestable sur toutes les fabriques étrangères, parce que la température de la France adoucit l'aspérité que présente la laine d'Espagne, en lui conservant dans sa reproduction sur notre sol la douceur et la finesse, sans rien lui ôter de son élasticité feutrante : car il est prouvé que la race des mérinos espagnols cultivée avec soin sur notre territoire, s'est sensiblement améliorée en qualité, et que nos primes en mérinos français sont supérieures aux primes Léonnaises qui sont les plus estimées d'Espagne, et même que les toisons sont plus riches en laine dans les parties de la France où l'on a su entretenir convenablement les troupeaux, que celles des mérinos introduits pour servir de souche.

Il est facile de combattre l'opinion des personnes qui prétendent que les laines d'Espagne sont supérieures à celles de France de race pure, par les expériences qui en ont été faites, par le témoignage des principaux fabricans des villes manufacturières dont il est question dans ce cha-

pitre, et de tant d'autres fabriques, qui ont re-
noncé à l'emploi des plus belles d'Espagne, parce
que dans la confection des draps fins de la première qualité elles donnaient une rudesse à
l'étoffe : aussi n'en emploient-ils que lorsque les
laines françaises viennent à manquer.

Il est reconnu par les fabriques ci-dessus indiquées, que les mérinos français donnent plus de
douceur et de moelleux que les étrangers ; et la
preuve consiste en ce que nos primes se sont
payées en 1817 et 1818 jusqu'à 24 francs le kilogramme, tandis que jamais les Léonnaises au même
degré de lavage n'ont valu au-delà de 16 à 17 fr. ;
nos secondes se sont vendues 22 francs, les troi-
sièmes 20 francs, et les secondes d'Espagne n'ont
jamais dépassé 14 francs : nous avons donc la supériorité par le produit de nos laines.

Pour prouver ce que j'avance, je vais faire connaître certains vices qui existent dans les laines
d'Espagne, et que les nôtres n'auront jamais.

1°. Elles sont presque toutes imprégnées d'un
poil de jarre, dit poil mort, qui donne de la rudesse, et qui ne peut prendre aucune teinture, pas
même la noire. Ce vice provient d'un rhume qui
attaque dans ce royaume les bêtes à laine, et plus
fortement lorsqu'elles approchent de l'âge de vé-
tusté, ainsi que de la phthisie à laquelle elles sont
fort sujettes.

2°. L'autre vice existe dans le degré de lavage

en Espagne, qui consiste à laisser dans la laine de quinze à vingt pour cent de suint, qui fait une fermentation avec l'huile qui ressort du tube des poils dans l'intervalle de deux à trois mois de balle ; et plus elle reste en magasin, plus elle se serre, et forme un si fort contact par cette huile et le suint, que le fabricant a les plus grandes peines, malgré les plus énergiques mordans, à la dégraisser à fond ; aussi c'est en partie l'usage des acides qu'il faut absolument employer, qui donne cette rudesse et cette âpreté qu'on ne trouve pas dans nos laines françaises.

La température de l'Espagne, son usage de faire continuellement voyager les troupeaux au milieu de l'été, sans jamais être à l'abri des ardeurs du soleil, donnent au suint cette huile ou graisse qui se trouve recuite tellement, qu'il n'y aurait qu'un bon procédé d'échaudage au premier lavage qui pût enlever ce vice, qui est très préjudiciable à la vente lorsqu'elle ne s'effectue pas de suite.

Les laines françaises, au contraire, ne seraient-elles lavées qu'à moitié, on ne verrait jamais qu'elles se collent, quand même elles resteraient deux années en balle ; cela provient d'une température moins brûlante et de la manière dont nous faisons paître nos troupeaux, qui couchent tous les soirs dans les bergeries, ou qui parquent dans la belle saison, et auxquels l'on ne fait pas faire des voyages de cent lieues aux temps des plus fortes chaleurs pour aller déposer leurs toisons : aussi l'éducation de ces animaux est mieux soignée en France, et le propriétaire a soin d'élaguer de son troupeau celui qu'il reconnaît attaqué d'une maladie quelconque.

D'après ce que je viens de démontrer, je trouve que les fabricans des villes manufacturières dont il est question, et qui tiennent le premier rang parmi toutes les manufactures françaises, ont raison de préférer les laines des mérinos de France à celles des autres pays; et tant qu'ils conserveront ce système, qu'ils continueront de soigner leur fabrication comme elle doit être, et comme ils font actuellement, il n'y a pas de doute que leur consommation ne soit assurée. Ils n'auront pas à craindre la concurrence extérieure, malgré les établissemens nouveaux chez les puissances étrangères, et quoique ces mêmes établissemens nouveaux soient en partie dirigés par des ouvriers français.

Les principales couleurs que font les fabriques ci-dessus, sont l'écarlate, le bleu et le noir. Quoique ces fabricans connaissent entièrement leur état, je crois qu'il convient de joindre ici le détail de ces trois couleurs, et leurs procédés de teinture.

De l'écarlate.

L'écarlate de graine, connue sous le nom d'écarlate de Venise, a moins de feu et est plus brune que celle à laquelle on est à présent accoutumé, mais elle n'est point sujette à se tacher par la boue, et elle se soutient plus long-temps.

L'écarlate de Venise est faite avec le kermès, qui est une noix de galle qui croît dans plusieurs parties du monde.

On fait encore une écarlate qu'on appelle demi-graine, où l'on emploie moitié kermès et moitié garance; ce mélange donne une couleur solide, mais qui tire un peu sur la couleur du sang.

L'écarlate couleur de feu, connue autrefois sous le nom d'écarlate de Hollande, et aujourd'hui sous celui d'écarlate des Gobelins, est la plus belle et la plus éclatante couleur de la teinture, elle est aussi la plus chère et la plus difficile à porter à la perfection; la réussite ne dépend que du choix de la cochenille qui en est l'ingrédient colorant, et de la manière de préparer la dissolution d'étain qui donne la couleur vive du feu.

On emploie pour chaque livre de laine une once de la plus belle cochenille, et deux onces de crême de tartre en poudre; et pour chaque livre de cochenille, on mêle dans le bain deux onces de composition, c'est le nom que le teinturier donne à

la dissolution d'étain. On ne saurait trop s'attacher à l'eau qu'on emploie dans la teinture en écarlate, les eaux bourbeuses sont nuisibles à cette couleur.

La composition pour l'écarlate se fait avec deux onces d'étain en larmes par livre d'eau-forte, infusées pendant dix heures dans deux livres d'eau commune, plus ou moins suivant la saison et la bonne qualité de l'eau-forte. La composition doit être employée de suite, surtout en été; si pendant les grandes chaleurs on la garde plus de vingt-quatre heures, elle risque de se corrompre. On a trouvé cependant un expédient pour la conserver, c'est d'y mettre du sel ammoniac dans la proportion de demi-livre sur trente livres de composition : au moyen de cela on peut la conserver quelquefois deux jours de plus; en hiver, on la garde quatre ou cinq jours.

Voici comment on opère pour les écarlates.

On fait d'abord bouillir les draps pendant une heure et demie ou deux heures, dans un bain où l'on a mis six livres de composition et une livre de crême de tartre par pièce de drap de vingt-cinq à trente livres.

La rougie a lieu sur un bain frais, où l'on met cinq livres de composition pour chaque pièce de drap, et une livre trois quarts de cochenille, plus ou moins, suivant sa bonté ou la nuance qu'on a à imiter. La couleur écarlate demande des draps parfaits et d'une force capable de résister aux épreuves de la composition.

Si, contre les réglemens sur la teinture, il a été employé dans celle d'écarlate des ingrédiens de faux teint, la contravention sera bientôt reconnue par le débouilli à l'alun, parce que ce sel détruit les plus hautes nuances fausses, et les rend d'une couleur de chair très pâle; il blanchit même presque entièrement les basses nuances du cramoisi faux.

Cependant l'écarlate de kermès ou de graine, communément appelée écarlate de Venise, n'est nullement endommagée par ce débouilli; il fait monter l'écarlate couleur de feu ou de cochenille à une couleur de pourpre, mais il emporte presque toute la fausse écarlate de Brésil, et il la réduit à une couleur de pelure d'ognon; il fait encore un effet plus sensible sur les belles nuances de cette couleur fausse.

Du bleu.

Le bleu se donne aux laines ou étoffes de laine de toute espèce, sans qu'il soit besoin de leur faire d'autre préparation que de les bien mouiller dans l'eau commune tiède, et de les exprimer de suite, ou les laisser égoutter; cette précaution est nécessaire, afin que la couleur s'introduise plus facilement dans le corps de la laine, et qu'elle se trouve partout également foncée.

Comme les ateliers de teinture appartiennent
ordinairement aux fabricans manufacturiers, et
qu'à cet effet ils ont besoin d'un contre-maître,
je crois utile de faire connaître ici en détail tout ce
qui est nécessaire pour la couleur bleue, afin qu'ils
ne soient pas induits en erreur par le chef des ouvriers, et qu'ils soient capables de relever les fautes
que celui-ci pourrait commettre dans sa direction :
c'est donc sur cette partie seule que je vais m'étendre.

De l'assiette de la cuve.

On charge une chaudière d'eau la plus croupie
qu'on puisse avoir, ou, si l'eau n'est pas corrompue
ou croupie, on met dans la chaudière environ
trois livres de foin avec huit livres de garance. La
chaudière étant remplie, on la fera bouillir environ
deux heures, puis on la versera dans la cuve de bois,
au fond de laquelle on a mis plein un chapeau de
son de froment. En survidant le bain bouillant de
la chaudière dans la cuve, on y mettra les balles de
pastel les unes après les autres, afin de pouvoir
mieux les rompre, pallier et remuer avec le râble ;
on continuera d'agiter jusqu'à ce que le bain chaud
soit survidé dans la cuve, et lorsqu'elle sera remplie un peu plus qu'à moitié, on la couvrira bien
avec des couvertures, afin qu'elle soit étouffée le
plus hermétiquement possible, et on la laissera
reposer quatre bonnes heures.

Après ce repos, on lui donnera le vent, c'est-à-dire qu'on la découvrira pour la bien pallier et y introduire le nouvel air ; on y fera tomber pour chaque balle de pastel un bon tranchoir de chaux vive qu'on fait éteindre en la mouillant ou à l'air, pour la mettre ensuite en poudre. Quand après l'éparpillement de cette chaux la cuve aura été bien palliée, on la recouvrira de même qu'auparavant, hormis un petit espace de quatre doigts qu'on laissera découvert pour lui donner un peu de vent.

Quatre heures après on la retranchera, c'est-à-dire qu'on la palliera sans lui donner de chaux, puis on la recouvrira, et on la laissera reposer deux ou trois heures, y laissant encore une petite communication avec l'air extérieur.

Au bout de ces trois heures, on pourra la retrancher encore, la palliant bien ; et si elle n'est pas prête et venue, c'est-à-dire si elle ne jette point de bleu à sa surface et qu'elle faille encore, il faut après l'avoir bien palliée la laisser reposer encore une heure et demie, prenant bien garde si elle ne s'apprête point, et si elle ne vient point à doux, c'est-à-dire si elle ne jette point de bleu.

Alors on lui donnera l'eau, c'est-à-dire qu'on achevera de la remplir, en y mettant l'indigo dans la quantité qu'on jugera à propos, car présentement le teinturier a la liberté d'en employer autant qu'il veut : ordinairement on l'emploie délayé. Ayant donc rempli la cuve à six doigts des bords, on la palliera bien, et on la couvrira comme auparavant.

Une heure après lui avoir donné l'eau, on lui donnera le pied, savoir, deux tranchoirs de chaux pour chaque balle de pastel, selon qu'on jugera qu'il use de chaux : l'on ne doit jamais répandre la chaux que lorsque la cuve est bien palliée.

Ayant recouvert la cuve, on y mettra au bout de trois heures un échantillon qu'on y laissera submergé pendant une heure; au bout de ce temps, on le retirera pour voir si la cuve est en état ; si elle y est, cet échantillon doit sortir vert, et prendre la couleur bleue étant exposé une minute à l'air; si la cuve verdit bien l'échantillon, on la palliera, on lui donnera un ou deux tranchoirs de chaux, et puis on la recouvrira.

Trois heures après, on la palliera et y répandra de la chaux autant qu'il sera nécessaire, puis on la recouvrira. Au bout d'une heure et demie, la cuve étant rassise, on y mettra un échantillon, qu'on ne lèvera qu'au bout d'une heure, pour voir l'effet du pastel; et si l'échantillon est d'un beau vert, et qu'il prenne un bleu foncé à l'air, on y en remettra encore un autre pour s'assurer de l'effet de la cuve : si on trouve cet échantillon assez monté en couleur, on achèvera de remplir la cuve d'eau chaude, et, s'il se peut, d'un vieux bain de garançage, et on palliera. Si l'on juge que la cuve ait encore besoin de chaux, ce qu'on connaîtra à l'odeur et au maniement, on lui en donnera une quantité suffisante. Cela fait, on la recouvrira, et une heure après, si elle est en bon état, on mettra les étoffes dedans, et on en fera l'ouverture. C'est ainsi que les teinturiers nomment la première mise de la laine ou de l'étoffe dans une cuve neuve.

Des indices qui servent à bien gouverner une cuve.

On connaît qu'une cuve est bien en œuvre, c'est-à-dire qu'elle est en état de teindre en bleu, quand la pâtée ou le marc qui se tient au fond est d'un vert brun; quand il change étant tiré de la cuve; quand la fleurée, c'est-à-dire l'écume en grosses bulles qui surnage, est d'un beau bleu; et quand l'échantillon qui a été tenu plongé pendant une heure dans la cuve est d'un beau vert d'herbe foncé.

Lorsqu'elle est bien en œuvre, elle a aussi le brevet ouvert, clair et rougeâtre, et les gouttes et rebord qui se font sous le râble en levant le brevet sont bruns. Ouvrir le brevet, c'est lorsqu'on lève la liqueur ou brevet avec la main ou avec le râble, pour voir quelle couleur a le bain de la cuve sous sa première surface.

La pâtée ou le marc doit changer de couleur en sortant du brevet ou du bain, et brunir à l'air extérieur.

Quand on manie le brevet ou bain, il ne doit paraître ni rude entre les doigts, ni trop gras, et il ne doit avoir ni odeur de chaux ni odeur de lessive.

Indices d'une cuve qui a souffert par le trop ou le trop peu de chaux.

Quand une cuve est trop garnie, c'est-à-dire qu'on y a mis de la chaux plus que le pastel n'a pu en user, on le reconnaît facilement en y mettant un échantillon, qui, au lieu de donner un beau vert d'herbe, n'est que sali d'un bleu grisâtre et mal uni; la pâtée ne change point, et la cuve ne fait presque point de fleurée; le brevet ou le bain n'a aussi qu'une odeur piquante de chaux, ou de lessive de chaux.

Le meilleur moyen de remédier à cet inconvénient, c'est d'y mettre du son et de la garance à discrétion; et si elle n'est qu'un peu trop garnie, il suffit de la laisser reposer quatre, cinq ou six heures, et plus s'il est nécessaire, y mettant seulement deux pleins chapeaux de son et trois ou quatre livres de garance qu'on distribue légèrement sur la cuve, après quoi on la couvre; au bout de quatre ou cinq heures, on heurte dedans avec un râble, et selon la couleur que prennent les bulles d'air élevées à l'occasion de ce mouvement, on met un échantillon dedans pour en voir l'effet. Si elle est rebutée, et qu'elle ne jette de bleu que quand elle est froide, il faut la laisser revenir sans la tourmenter, et quelquefois laisser passer des journées entières sans la pallier.

On connaît qu'une cuve n'a pas été assez garnie de chaux et qu'elle a souffert, lorsque le bain ou brevet ne fait pas de fleurée, des grosses bulles d'air d'un beau bleu, mais qu'il ne donne qu'une écume composée de petites bulles ternes, et lorsqu'en heurtant dessus avec un râble, il ne fait que friller; le bain a alors une odeur d'œufs couvés, il est rude et sec au toucher, la pâtée tirée hors du bain ne change point; ce qui arrive presque toujours quand une cuve a souffert disette de chaux. C'est aussi principalement cet accident que l'on doit craindre, lorsqu'on fait l'ouverture et que l'on met en cuve.

Quand elle est en bon état et en bon train, on fait le premier jour de l'ouverture trois ou quatre palliemens, et le lendemain deux ou trois; il faut seulement prendre garde de la fatiguer, et de ne pas lui donner des mises aussi fortes le second jour que le premier.

Quant aux couleurs, pour tirer de cette cuve nouvellement posée tout le profit possible, on teint d'abord les étoffes destinées à être mises en noir, ensuite les bleus de roi, puis celles qui doivent être mises en vert brun; les bleus turquins, bleus célestes, etc., se font ordinairement dans les derniers palliemens du second jour de l'ouverture.

Le troisième jour, si la cuve se trouve trop diminuée de quantité, il faut la remplir d'eau chaude jusqu'à quatre pouces des bords.

Il se trouve encore différentes manières de monter des cuves, je me réserve d'en parler dans mon *Traité sur les teintures.*

Du noir.

Le noir est une couleur primitive de la teinture; elle contient une quantité prodigieuse de nuances. Avant de teindre les étoffes en noir, il faut leur donner une couleur bleue foncée : le noir se fait avec du bois d'Inde coupé en éclats, de la galle, du vert-de-gris, de la couperose verte, et quelques autres ingrédiens qui varient suivant les manufactures.

Pour connaître si l'étoffe a eu un pied de bleu, il faut prendre une pinte d'eau, y mettre une once d'alun, autant de tartre rouge pulvérisé, faire bouillir le tout, y mettre l'échantillon qui doit bouillr à gros bouillons pendant un quart d'heure, le laver ensuite dans l'eau fraîche, et il sera facile alors de voir si elle a eu le pied de bleu convenable; car dans ce cas la laine demeurera bleue presque noire, et si elle ne l'a pas, elle grisera beaucoup.

J'ai donc prouvé que les quatre premières villes manufacturières de France auront toujours la priorité sur les fabriques étrangères, tant qu'elles emploieront les mérinos français, et qu'elles continueront de porter les mêmes soins et la même surveillance dans toutes les opérations de la fabrication.

Leur débouché est assuré, il est général, soit dans les plus grandes villes de l'intérieur, soit chez les puissances étrangères.

~~~~~~

CHAPITRE II.

DES FABRIQUES INTERMÉDIAIRES.

Le Languedoc est la province de France qui réunit le plus de villes manufacturières en toute sorte de draperies ; l'industrie de ses habitans est au plus haut degré, surtout pour les qualités intermédiaires, quoique dans certaines manufactures il se trouve des fabricans qui exploitent les premières qualités de laines, et qui fabriquent des draps à l'instar de ceux de Sédan, Abbeville, Elbeuf et Louviers.

Les qualités indigènes qui se récoltent dans cette province, et dans celles qui l'avoisinent, l'amalgame que les fabricans savent si bien faire en indigènes et en exotiques venues des Échelles du Levant et de la Romagne, la bonté des eaux des petites rivières qui y prennent leur source, l'établissement des machines hydrauliques sur ces mêmes rivières, l'habitude héréditaire tant des fabricans que des ouvriers dans cette partie, cette réunion de choses si précieuses rend cette province une des plus florissantes de l'état, et procure à ses habitans une existence assurée et aisée, parce que le produit de ses manufactures a un débouché certain et presque sans concurrence dans l'intérieur et chez les puissances qui l'avoisinent.

La Provence, le Dauphiné et le Rouergue réunissent aussi des départemens où se trouvent des villes manufacturières qui ont des fabriques intermédiaires et communes. Je vais en donner une description aussi exacte qu'il me sera possible, et faire connaître les qualités de draperies qu'elles fabriquent, les laines qu'elles emploient, et leur principal débouché.

Quant à la fabrication, elle est la même que celle que j'ai démontrée dans ma première partie, elle est tout au plus subordonnée à la qualité des laines qu'on emploie, suivant l'espèce de tissus qu'on se propose de faire; mais toutes les opérations qui concernent les ouvriers sont les mêmes.

Les principales villes manufacturières du Languedoc sont dans les départemens de l'Aude et de l'Hérault.

Dans celui de l'Aude sont les villes de Carcassonne, Limoux, Chalabre, Montolieu, et quelques autres manufactures éparses dans des villages qui les avoisinent, et qui font la même partie et les mêmes qualités.

Carcassone fabrique toutes les qualités nécessaires pour les Échelles du Levant; il y a des mai-
sons de commerce qui font des draps qui imitent
ceux de Louviers et d'Elbeuf; en général toutes
les opérations de fabrique y sont bien suivies,
surtout celle du foulage, qui se fait d'une manière
supérieure et parfaite sur la rivière de Montolieu,
l'eau de l'Aude n'étant pas bonne pour cette opération. Cette ville exploite toute sorte de draperie
unie, qualité supérieure, intermédiaire et commune; les laines qu'elle emploie sont celles du
Roussillon, Corbières, Narbonne, Béziers, la
seconde qualité des mérinos, et quelquefois les
qualités d'Espagne, parce qu'elles l'avoisinent;
quelquefois aussi leur draperie est échangée contre
ces mêmes laines espagnoles.

Son principal débouché est aux Échelles du
Levant, en Italie, en Espagne, en Suisse, et dans
l'intérieur de la France; plusieurs des fabricans se
rendent aussi aux foires de Beaucaire, Toulouse,
Bordeaux, etc., pour se procurer une plus forte
consommation.

Limoux et Chalabre fabriquent des draps qui
imitent l'Elbeuf, ils font des couleurs unies et
mêlées; ils excellent surtout sur les mélanges,
tant ils sont bien faits, bien suivis et bien unis;
ils emploient les mêmes qualités de laine que Carcassonne, ils suivent les mêmes opérations de
fabrique, et font fouler aussi sur la rivière de

Montolieu : mais Chalabre surpasse Limoux pour les apprêts ; aussi ses draps se vendent deux et même trois francs de plus que ceux de Limoux.

Leurs débouchés sont en Espagne et dans l'intérieur de la France ; les négocians de Lyon vont y faire des achats considérables, pour ensuite expédier en Italie et en Suisse : les fabricans tiennent aussi les foires de Beaucaire, Toulouse, Bordeaux, etc.

Les autres petites manufactures qui se trouvent éparses dans ce département font le même genre de draperie, emploient les mêmes laines, suivent les mêmes opérations de fabrique, et ont les mêmes débouchés.

Le département de l'Hérault réunit aussi plusieurs villes manufacturières : les principales sont Bédarrieux, Saint-Chinian, Saint-Pons, Clermont, et Lodève pour l'habillement des troupes.

Ces quatre premières villes manufacturières travaillent principalement pour le Levant, et y tiennent le premier rang après Carcassonne ; elles ne font ordinairement que des londrins seconds, et non des nombres supérieurs, comme des mahoux, etc. ; leur fabrique s'étend encore sur la draperie pour le commerce intérieur : elles font bien quelques draps supérieurs, mais leurs prix dans toutes les qualités sont toujours inférieurs à ceux de Carcassonne, Limoux et Chalabre. A la vérité les fabricans connaissent bien leur état, les ouvriers sont bien tenus, les qualités des laines sont à peu près les mêmes ; mais la variation dans les prix provient de la réputation que possédent les autres fabriques, et de ce que les opérations du foulage ne sont pas si bien suivies, et que les eaux de leurs rivières ne sont pas aussi bonnes que celles de la rivière de Montolieu.

Leurs débouchés sont principalement dans les Échelles du Levant, aussi cette draperie est la partie principale de leur industrie ; et pour les autres qualités, c'est en Espagne, en Italie, dans l'intérieur de la France et aux foires précédemment citées.

CHAPITRE III.

DES FABRIQUES COMMUNES

Les départemens du Tarn, et de Tarn-et-Garonne, qui se trouvent au nord du Languedoc, réunissent des villes manufacturières en grand nombre, surtout en draperie commune et croisée : les principales sont dans celui du Tarn.

Les fabriques de Castres et de Mazamet sont les plus renommées ; les étoffes font leur principale occupation, elles servent tant pour doublure que pour habillement ; on en fait de plusieurs manières et sous des noms différens.

La qualité des laines, le nombre des fils en chaîne, la largeur sur le métier, celle après le foulage, en déterminent l'espèce et en fixent le prix. En général, les matières premières propres à toutes ces étoffes sont les laines du pays et du Levant; il faut qu'elles soient bien lavées et bien blanchies, attendu que la majeure partie de ces étoffes reste en blanc, soit rases, soit garnies.

Depuis l'établissement des machines hydrauliques et la propagation des mérinos dans toute l'étendue de la France, il s'est élevé des fabriques de draps fins dans les manufactures où l'on n'était occupé auparavant qu'à la draperie commune. A Castres, M. Guibal a imité si bien les fabriques supérieures de France, qu'il n'en craint pas la concurrence. D'abord, il n'emploie que les premières qualités de laines, toutes les opérations de fabrique sont très exactement suivies, et il excelle surtout sur les étoffes croisées dites casimirs. Sa consommation est assurée, le consommateur de la capitale préfère les siens pour la force et la bonté.

Il y a quelques années que la fabrication des casimirs paraissait impossible en France; l'on ne voyait chez les marchands drapiers que des casimirs belges ou anglais. Le consommateur n'ayant pu se passer de cette étoffe, tant à cause de l'usage qu'elle fait, qu'à cause de sa beauté et de sa souplesse, des fabriques qui étaient depuis long-temps habituées à la fabrication des petites étoffes croi-

sées, ont entrepris celle des casimirs mêlés et unis :
et nous voyons nos casimirs français dépasser ceux
de la Belgique et ceux de l'Angleterre.

Les laines du Roussillon et les primes de nos
mérinos sont les seules propres à la fabrication de
cette étoffe.

Le casimir se fabrique en croisé sur des petits
métiers faits exprès ; le plus bas nombre est de
deux mille fils à la chaîne, et le plus haut de
quatre mille ; c'est au fabricant à déterminer le
nombre qui lui est nécessaire.

Les dimensions les plus fortes sur le métier des
tisseurs sont de cent trente centièmes, et de
quatre-vingt-quinze sortant de tout apprêt. La
fabrication est à peu près la même que celle des
draps surfins.

Les débouchés des molletons, redins, retorses,
sorias, cordelats, et autres étoffes croisées en laine
commune, qui se fabriquent dans les manufactures
de ces deux départemens, sont dans l'intérieur de
la France ; aussi presque tous les fabricans tiennent
les foires de Beaucaire, Toulouse, Bordeaux, etc.,
où se rendent les acheteurs et les marchands drapiers en gros de Lyon et d'autres grandes villes,
pour ensuite les revendre dans les petites.

Dans le département de l'Aveyron se trouve une
petite ville manufacturière qu'on nomme Saint-
Afrique ; sa principale fabrication consiste en une
draperie commune en quatre quarts, croisée et

frisée. Les opérations de fabrique dans cette espèce de marchandise sont très bien suivies, les boutons de la frise très bien formés; les laines qu'on emploie sont celles du pays et de la Provence; amalgamées ensemble elles donnent un feutre parfait. Cette draperie fait un usage très long; elle se nomme ratine de Saint-Afrique. On a cherché à l'imiter; mais on a été obligé d'abandonner l'entreprise; cela dépend des localités, des eaux, et d'une routine héréditaire que les fabricans ont pris, et avec raison, l'habitude de suivre; leur filature est toujours grosse pour donner plus de consistance à l'étoffe, et ils suivent les opérations avec la plus grande exactitude. L'usage de cette étoffe est si long, que les paysans la préfèrent à toute autre; d'ailleurs elle est très bonne pour le travail pénible de la terre, et pour les garantir de l'intempérie des saisons.

Leur consommation est dans l'intérieur de la France, ils tiennent la foire de Beaucaire et de Pézénas; les habitans de la Corse et les Espagnols en achètent beaucoup : aussi, leur consommation se trouvant assurée, ils ne pensent pas à faire de draperies fines.

Dans le département de l'Isère est une ville manufacturière considérable qui s'appelle Vienne: sa fabrique consiste en ratines et draps; les ratines, quoique sans être frisées, sont croisées, et ont cent trente-six centièmes de largeur, c'est-à-dire cinq

quarts ; les laines de Provence, du Dauphiné et
des provinces qui l'avoisinent, sont les seules que
l'on emploie dans cette espèce de draperie ;
les établissemens hydrauliques qu'on a établis
sur la petite rivière qui traverse cette ville, ont
bonifié sa fabrique : les opérations sont par conséquent les mêmes qu'ailleurs. Sa consommation est
très étendue, non seulement en France, mais dans
l'étranger, et c'est une de celles qui tiennent le
premier rang pour la draperie commune.

Il serait trop long de donner la nomenclature
de toutes les fabriques en draperie commune qui
existent en France ; elles sont trop étendues, il n'y
a pas de province qui n'en réunisse quelques unes ;
certaines font les étoffes rases, d'autres les étoffes
croisées, d'autres les étoffes unies, mais elles sont
toutes en draperie commune : j'en ferai une description détaillée dans un Traité exprès et particulier. Leur principale consommation a lieu pour les
habitans de la campagne ; de là vient que nos laines
communes sont employées, ainsi que celles qui
nous viennent du Levant et de la Romagne, dont
la plupart sont échangées contre les draps fabriqués dans les manufactures de londrins : ce qui est
toujours très avantageux au commerce français.

Chaque ville manufacturière, et même chaque
fabricant, conduit ses opérations de fabrique suivant l'espèce de draperie qui lui est propre, et
dont il a le plus de consommation ; aussi j'ai voulu
m'étendre un peu dans ce Traité afin de me rendre

utile à tous, et que chacun puisse y puiser ce qu'il trouvera de plus avantageux pour la partie qu'il exploite.

Comme les laines étrangères sont employées dans la draperie commune, et que tous les fabricans ne les connaissent pas à fond, quoique j'en aie parlé dans un Mémoire que j'ai présenté à son Excellence le Ministre de l'Intérieur, et qu'elle a bien voulu faire insérer en partie dans les *Annales de l'Agriculture*, je crois devoir en parler ici pour l'utilité et l'avantage des fabriques communes.

L'entrepôt général de ces sortes de laines est à Marseille ; cette ville de commerce est celle de la France qui a le plus de relations avec les contrées barbaresques et les Échelles du Levant. Les laines qui en proviennent sont le plus souvent, ainsi que je l'ai déjà dit, le retour des draps que les fabriques du midi y expédient.

Andrinople. — La première qualité de cette laine est très blanche, douce et cotonneuse, bonne pour le peigne ; elle s'emploie avec avantage pour les serges, cadis, escots, et pour les fleurs et franges des schalls communs.

La deuxième qualité est à longues mèches et estameuse ; les fabricans de couvertures et de bonnets l'emploient avec succès.

Panorme. — Cette laine est feutrée, bien forte, mêlée de poils gris et de poils morts, elle est bonne pour la chaîne de la draperie très commune ; en l'amalgamant avec celle de Constantinople, on fait un drap feutré et bon, mais on ne peut s'en servir qu'après l'avoir étirée au crochet.

Constantinople. — Cette laine est à longues mèches, très bonne pour le peigne; mélangée avec nos laines de Provence, elle forme de bonnes chaînes pour les tissus communs. Sa seconde qualité s'emploie pour couvertures, bonnets, lisières et matelas.

Smyrne. — Cette laine est d'un très beau blanc, mais le poil en est clair, mêlé de poils morts, de gris et de croisés; sa première qualité, mélangée avec de gros métis, ferait une bonne trame, mais sa deuxième ne peut s'utiliser que pour lisières et matelas.

Angora, Chypre, Sardaigne. — Les qualités de ces trois contrées sont grossières et très longues, et ne peuvent servir que pour matelas et lisières.

Tripoli. — Cette partie de laine est bonne pour chaîne, mais elle est mêlée d'un quart de toisons grises; les autres trois quarts sont d'un beau blanc, cotonneux et soyeux.

Tunis. — Cette laine est très longue, très forte, et supérieure à toutes celles ci-dessus pour former les chaînes des draps pour l'habillement des troupes; en y amalgamant celles de Provence ou d'autres indigènes, elle feutre bien, et conserve la longueur de l'étoffe plus que d'autres laines.

Sousses. — Cette qualité est cotonneuse, très chargée de sable et de poils morts; elle est moins forte pour chaîne que le Tunis, mais elle peut s'employer pour des étoffes feutrées et communes.

Les côtes d'Afrique fournissent encore les laines que nous appelons Alger, Sfax, Mogodor, Salé, et tant d'autres; il ne nous arrive plus de laine de Salé, parce que depuis long-temps les Anglais l'achètent à cause de sa finesse; quant aux autres, elles égalent à peu près le Tunis, tant pour la qualité que pour le prix d'achat et l'emploi.

Romagne et *Pouille*. — Marseille est aussi en grande partie l'entrepôt de ces deux qualités. Elles sont bonnes pour la trame, surtout des draps blancs, à cause de leur blancheur naturelle; elles arrivent en toisons comme celles de la Saxe; le rendement au lavage est à peu près le même que pour celles lavées à dos; dans le nombre il se trouve des toisons très fines, qu'on peut évaluer à peu près au tiers.

Celles de la Pouille sont un peu plus corsées que celles de la Romagne. Depuis quelques années ces deux qualités de laine nous viennent moins fraîches, parce que l'on a établi des fabriques en Italie qui gardent les primes; aussi elles sont moins employées pour le fin qu'avant 1789. Ces laines employées seules donneraient une étoffe molle, sans consistance, sans nerf; elles ne sont bonnes que pour la trame, parce qu'elles ne font bien en fabrique qu'avec une laine qui en arrête le feutre, et qui leur donne le nerf dont elles manquent.

SECONDE PARTIE.

___

POUR LES FABRICANS
ET CONTRE-MAITRES.

INTRODUCTION.

La beauté du drap, sa souplesse et sa force consistent dans les qualités de laines que le fabricant emploie; chaque climat, chaque province fournit les siennes : les unes sont feutrantes, et non les autres; telles sont bonnes pour la chaîne, telles ne le sont que pour la trame. Le même inconvénient se rencontre aussi bien dans les laines étrangères que dans les indigènes; presque chaque année, suivant la température, il y a quelques changemens dans les qualités; un fabricant n'est jamais asséz instruit dans cette partie, et sa science doit principalement consister à faire un bon amalgame tant pour chaîne que pour trame; en maniant la laine, il doit connaître à quel emploi elle peut être propre, et s'il est assez connaisseur, sa fabrique ne peut qu'être bonne et jouir d'une réputation bien méritée.

Mais en admettant même que le fabricant soit instruit à fond sur la matière première, qu'il ait toutes les connaissances nécessaires pour en faire un bon choix et pour l'utiliser, il est encore très essentiel qu'il connaisse parfaitement toutes les opérations de la fabrique, même les plus minutieuses; qu'il soit en état de reprendre les ouvriers qu'il emploie sur les moindres fautes qu'ils peuvent commettre, soit par erreur, soit par inattention, soit par volonté; il doit s'assurer si son contre-maître est propre à guider les ouvriers qu'il met sous ses ordres, et si ces mêmes ouvriers connaissent bien leur état, et s'acquittent de leur devoir.

Avant qu'un drap soit confectionné, la laine passe par tant de mains, reçoit tant de modifications, que la plus grande surveillance doit être exercée par le fabricant et le contre-maître. Une seule opération manquée rend une étoffe de draperie défectueuse, plus difficile à la vente, son produit plus modique, et diminue la réputation de la manufacture.

Mon ouvrage intéresse également les fabricans et les ouvriers, il peut servir de guide aux uns comme aux autres; et quoique nos manufactures soient dans la plus grande perfection, et qu'elles jouissent d'une supériorité bien marquée et bien méritée sur les tissus étrangers, je crois me rendre utile à la classe manufacturière, et surtout à la classe ouvrière, en donnant le détail des ustensiles nécessaires à une fabrique, la manière de les établir, de s'en servir, et d'opérer dans chaque partie; en faisant connaître les devoirs que les ouvriers ont à remplir, les défauts à éviter, et tout ce qu'il est nécessaire d'observer dans chaque modification de la matière première, depuis son achat jusqu'à la parfaite confection de l'étoffe.

MANUEL

DES

FABRICANS DE DRAPS.

CHAPITRE PREMIER.

DU COMMISSIONNAIRE A L'ACHAT DES LAINES.

LES draps variant par leur finesse, leur largeur, leur force et leur souplesse, l'achat de la laine doit avoir lieu suivant l'emploi que le fabricant désire en faire, et suivant le genre de draperie qu'il fabrique ordinairement. S'il a assez de moyens pécuniaires pour acheter ses laines en suint à l'époque de la tonte, il ne peut le faire par lui-même, parce que, d'un côté, ce serait trop long pour lui et trop pénible, et que, de l'autre, il ne connaît pas assez les localités, ni la manière dont le propriétaire soigne son troupeau : car il est prouvé que si, dans la même commune, il se trouve cinq propriétaires, il peut y avoir dans chaque troupeau une différence sensible tant sur la qualité de la laine que sur son rendement au lavage, ce qui ne provient que du soin plus ou moins grand que l'on prend des bêtes a laine et de leur nourriture. Il est donc obligé de faire acheter par commission.

Un commissionnaire en laines à la tonte, est ordinairement un villageois qui connaît à sept ou huit lieues à l'entour de son village tous les propriétaires de laines. Quand il a reçu commission d'acheter, il doit en entrant chez le propriétaire, avant de parler du prix, examiner si la laine est bien tenue, si elle n'est pas dans un lieu trop humide, si le tas des toisons est égal partout; car il arrive souvent que le fermier ou le propriétaire met de préférence la laine dans un endroit humide pour la faire augmenter en poids, et que les toisons les plus fines et les moins chargées de suint sont sur le devant du tas, tandis que l'intérieur réunit les moindres et les plus défectueuses. Le commissionnaire ayant bien examiné, pesé dans sa sagesse certaines tromperies des propriétaires, entre en prix, et prend la défense de son commettant, afin d'acheter suivant la valeur de la laine. Étant d'accord, il procède à la réception : son devoir consiste à ouvrir toutes les toisons l'une après l'autre, pour en extraire les crottins et autres parties étrangères à la laine, que les tondeurs quelquefois, par ordre du fermier ou propriétaire, ont enveloppé dans la toison; à faire sécher celles qui sont humides, et à mettre de côté celles qui sont trop défectueuses. Cette opération étant finie, les fait emballer et les expédie à son commettant.

Le fabricant doit faire choix d'un bon commissionaire, parce qu'il y en a dans le nombre qui s'entendent avec le propriétaire ou fermier; qui, pour l'appât de gagner la commission, achètent à tort et à travers, sans faire attention à ce qui vient d'être dit ci-dessus : de cette manière le fabricant se trouve trompé par celui-là même à qui il accorde sa confiance; la laine lui devient plus coûteuse, parce qu'il n'a pas autant de rendement au lavage, et la qualité n'en est pas si bonne par la non extraction des toisons défectueuses; le commissionnaire perd de son côté la confiance du fabricant qui ne l'emploie pas l'année d'après, et le fabricant perd son argent. Un manufacturier doit donc acheter lui-même autant qu'il lui est possible, et ne se servir d'un commissionnaire que dans le cas d'urgence, et dans les pays éloignés de sa manufacture.

Quand il achète en blanc, le commissionnaire lui devient inutile, parce qu'il doit lui-même juger la laine pour ce qu'elle est, et comment il doit l'employer.

CHAPITRE II.

DÉCHIFFRER LA LAINE.

Les ouvriers destinés au déchiffrage des laines, doivent diviser les toisons d'un seul troupeau suivant le degré des qualités :

1 , 2 , 3 , pour les mérinos.

1 , 2 , 3 , 4 , pour les métis, et quelquefois davantage.

1 , 2 , 3 , pour toutes les autres qualités indistinctement.

Les qualités doivent être classées suivant l'ordre des localités , la température , leurs qualités feutrantes et non feutrantes; les unes sont estameuses, les autres cotonneuses; quelques unes ont les mèches longues , les autres courtes ; il s'en trouve des molles , de corsées , de diffuses , etc. Il est important que les ouvriers déchiffreurs les connaissent toutes, afin de composer l'amalgame suivant le degré de finesse , et les classer dans la division des qualités déterminées d'après les divers genres de tissus.

Les toisons ainsi divisées , l'ouvrier prend l'une après l'autre celles classées à la première division , les ouvre, les étend sur une claie , sépare les extrémités, la gorge , le ventre , le bas des cuisses, met ces quatre parties ensemble, à part les patins et la partie pailleuse, et du restant de chaque toison il forme la prime, la seconde et la troisième.

La première division étant terminée, l'ouvrier passe à la seconde, ensuite aux autres, en faisant toujours attention de classer les degrés de finesse dans les trois qualités, prime, seconde et troisième. L'opération est la même pour les laines destinées aux draperies communes.

CHAPITRE. III.

ÉCHAUDER LA LAINE.

On se sert d'une grande chaudière qu'on remplit d'eau, et que l'on chauffe jusqu'à 40 ou 60 degrés, selon que la laine est plus ou moins difficile à dégraisser. Le véritable thermomètre pour connaître le degré de chaleur convenable, c'est de plonger les mains dans la chaudière : si la température de l'eau permet de les y laisser, c'est le degré qui convient aux laines les moins chargées de suint ; si au contraire la main ne peut endurer la chaleur, c'est le degré nécessaire pour les laines les plus chargées ; une chaleur au-dessus de 60 degrés serait nuisible à la laine, car sa qualité en serait altérée.

On se sert de deux filets à mailles serrées, semblables à ceux qu'on emploie dans les ateliers de teinture pour mettre la laine en cuve. Une pièce de bois sert à retirer de la chaudière le filet chargé de laine; elle a de dix à douze pouces de diamètre dans toute la largeur de la chaudière, elle est carrée au milieu ; à l'un des bouts sont deux fentes destinées à recevoir deux baguettes servant à la faire tourner; ces baguettes ont quatre pouces de largeur, un d'épaisseur, et un mètre de longueur.

L'eau se trouvant au degré de chaleur convenable à la laine que l'on veut dégraisser , on jette tout étendu un des filets dans la chaudière, pour recevoir environ trente kilogrammes de laine en suint. L'on doit commencer la première jetée avec les basses qualités, soit patins, soit cuisses, etc. ; et le bain se trouvant garni par le suint de cette jetée, l'on commence la laine fine. A la première mise, l'on reconnaît si le bain est au degré nécessaire, par le prompt dépouillement du suint.

Lorsque la laine est dans la chaudière, les échaudeurs doivent la remuer avec un bâton ; et après cinq ou six minutes de séjour, l'on relève le filet avec le tour sur la chaudière. Dans le temps qu'on laisse égoutter cette première mise, on jette le second filet , dans lequel on met la même quantité de laine que dans le premier ; et dans l'intervalle que cette laine reste dans la chaudière, on porte la première aux laveurs : de sorte que deux hommes, employés à l'échaudage, peuvent entretenir six laveurs.

Autre manière d'échauder la laine.

On la met dans des cuviers ; lorsqu'ils sont remplis, on y verse jusqu'au bord de l'eau chauffée à 3o à 4o degrés ; le lendemain, ou vingt-quatre heures après, on procède au lavage, et autant qu'on le peut on place les cuviers près du lavoir. L'eau du trempage se trouvant chargée de suint, c'est elle qui est la plus nécessaire au lavage, aussi doit-on bien la ménager. Ayant fait réchauffer dans une chaudière la même eau à 6o degrés, c'est-à-dire de manière à ne pouvoir y laisser la main, on met la laine dans la chaudière ; moins on en met à la fois, plus le dessuintage est parfait. Les ouvriers doivent remuer la laine avec un bâton bien uni ou une fourche de bois bien poli. On la soulève continuellement, afin de l'ouvrir et de la rendre plus pénétrable ; après trois ou quatre minutes de bain, on la retire avec des fourches de bois, on la place dans un panier qu'on tient suspendu un instant sur la chaudière pour laisser égoutter et ne point perdre le suint ; à mesure que l'eau s'épuise, on en met d'autre, toujours au même degré, et si elle devient bourbeuse, on vide la chaudière : après ces opérations, la laine est portée au lavoir.

Des deux opérations ci-dessus, la première est

12

la meilleure, la plus prompte et la plus économique; elle est la meilleure, en ce que la laine s'imbibe mieux dans le filet jeté dans la chaudière,
que lorsque l'on se sert d'un cuvier; en ce que la
chaudière conserve mieux le même degré de chaleur, tandis que l'eau chaude portée dans un cuvier
diminue de degré insensiblement, à mesure qu'elle
pénètre dans la laine; elle est plus prompte, en ce
que l'on a plus tôt retiré la laine par le moyen du
tour qui monte le filet de la chaudière, que lorsqu'il faut la retirer d'un cuvier avec une fourche;
elle est plus économique, en ce que deux ouvriers
peuvent échauder quatre fois plus de laine que ne
ferait un plus grand nombre avec les cuviers.

Il y a des qualités de laine, surtout celles qui
nous viennent du Levant, qui n'ont pas tout-à-fait
besoin d'être échaudées; la plupart sont plus chargées de sable que de suint : dans ce cas, les ouvriers
n'ont qu'à placer un grand cuvier près du lavoir,
le remplir de laine et y jeter de l'eau froide, la remuer avec un bâton ou une fourche, et la retirer
pour la donner aux laveurs; cependant il serait
mieux de les échauder, parce que la chaleur
dégraisse mieux et adoucit le poil.

Il faut avoir soin de conserver le suint, ce qui
peut avoir lieu en lui faisant éprouver une seconde
ébullition. Sa conservation est tellement essentielle, qu'il sert à former le bain quand on manque

de laines en suint, à dégraisser celles manquées au premier lavage, et qu'on l'emploie pour le foulage des draps ou autres étoffes de laine.

Des laveurs de laine.

L'eau qui cuit les légumes, qui dissout le savon, et qui est courante, est la meilleure pour laver la laine. Il y a des manufactures où un ouvrier seul est employé pour cette opération, se tenant dans un tonneau et remuant avec un bâton la laine contenue dans un panier d'osier : ce procédé, qui est suivi aux lavoirs de la capitale et des environs, n'est ni le meilleur ni le plus économique; la manière qui suit, et qui se pratique dans le Midi, est préférable:

Les paniers sont ronds, en fer ou en bois de chêne; il y en a qui forment un carré long; ils sont entourés d'un filet à mailles plus serrées que ceux qui servent pour échauder, afin que la laine ne puisse s'échapper; le fond est en planches de chêne. Pour bien épurer une laine quelconque, les laveurs doivent placer trois paniers dans un courant d'eau; il faut qu'il en passe au moins un pied sur le fond; la distance de l'un à l'autre doit être de trois pieds, avec un plateau entre deux, pour que le second laveur reçoive la laine du premier, et que le troisième, placé un peu obliquement, reçoive sur un autre plateau celle du second.

Chacun tient une fourche à trois cornes recourbées, dont le manche est long de quatre pieds et demi. Lorsque le premier a remué la laine un certain espace de temps, il la remet au second, celui-ci en ayant fait autant la remet au troisième, qui la remue et la tient jusqu'à ce qu'elle soit bien épurée et que l'eau coule claire. Chaque laveur doit donner à peu près trois ou quatre tours à droite et autant à gauche, et toujours de manière à ne pas cordonner la laine qui se feutrerait et ne se laverait pas.

L'avantage du lavage à la fourche consiste en ce que l'on n'a pas besoin de briser la laine après le triage en gros, pratique qu'on est forcé d'employer pour le lavage au bâton, sans quoi on ne ferait que rouler la laine sans la dégraisser à fond. Un autre avantage encore, c'est que cette manière de laver ouvre les mèches de la laine, et que l'on fait le double de travail.

Il y a des manufactures, surtout dans le Midi, où, dans la belle saison, on lave d'une autre manière ; les laveurs sont dans les paniers et lavent à la jambe, faisant faire quatre tours toujours à gauche et autant à droite, et se la remettant de l'un à l'autre de la même manière qu'au lavage à la fourche : cette manière d'opérer est encore moins coûteuse et plus active, mais elle n'est guère praticable dans l'hiver, à cause de la rigueur de la saison. Ce procédé de lavage réunit encore un autre avantage, c'est qu'il peut s'établir sur toute rivière,

aussi petite qu'elle soit; il suffit d'être à couvert,
avec très peu d'eau et un bassin construit au-
dessus des paniers : de manière qu'une seule
chaudière et deux échaudeurs suffisent pour six
laveurs.

Le troisième ouvrier, qui finit le lavage, met la
laine, lavée par lavée, dans un grand panier d'o-
sier ovale, pouvant en contenir de cinquante à
soixante, afin que deux hommes puissent le changer de place et le porter sur l'étendage, parce que
trop manier la laine mouillée, c'est lui ôter le coup
d'œil.

Sécher la laine.

Ce sont le plus souvent des femmes qui sont
chargées de cette opération; on prend lavée par
lavée, on les met sur un pré bien propre, ou sur du
gravier, ou sur des toiles, de distance en distance,
sans les déployer. Une heure après que les lavées
ont pris croûte, on les retourne en les plaçant
dans l'espace du côté qui est sec, et on les ouvre
un peu; une autre heure après, si le beau temps
et le soleil continuent, on les écarte sur l'endroit
sec, de manière qu'elles se tiennent ensemble; si
à cette troisième fois elles ne sont pas entièrement
sèches, on les met en sillons afin de laisser sécher
les places qu'elles occupaient; une heure après on
les étend de nouveau, et cette dernière opération
se renouvelle jusqu'à ce que la laine soit sèche.

Comme, dans le triage en gros, les ouvriers peuvent avoir oublié quelques morceaux de laine défectueux ou étrangers à la partie que l'on sèche, les femmes doivent être munies d'un tablier, et retirer tous ceux qu'elles peuvent rencontrer, et les porter sur les qualités qui leur sont analogues; de cette manière le temps est utilisé.

CHAPITRE IV.

BATTRE ET TRIER LA LAINE.

QUAND la laine est bien lavée et parfaitement sèche, le premier soin du fabricant est de composer l'amalgame, tant pour la chaîne que pour la trame, suivant la qualité de draperie qu'il veut fabriquer; l'amalgame fait, la laine est remise aux batteurs. Les ouvriers ont soin d'en prendre par petites parties, de l'étendre sur des claies de bois ou de cordes; ils la battent avec des baguettes, la tournant et la retournant plusieurs fois, jusqu'à ce que la poussière et les grosses ordures soient sorties, et qu'elle soit assez entr'ouverte pour que les trieuses puissent mieux en extraire ce que les baguettes n'ont pu faire sortir; ce qu'elles font en la bien maniant, et en retirant aussi les morceaux de laine qui ne sont pas propres à la qualité de draperie pour laquelle l'amalgame a été fait.

Après ces deux opérations, la laine est remise à l'atelier des mécaniques pour être huilée, cardée et filée; mais dans les endroits où les machines hydrauliques ne sont pas établies, elle est remise aux drosseurs.

~~~~~~

CHAPITRE V.

DU DROSSAGE.

L'opération du drossage consiste à engraisser la laine avec de l'huile, et à la carder avec de grosses cardes de fer, attachées sur un chevalet de bois disposé en talus. Avant cette opération, le fabricant doit avoir eu soin de diviser cinquante kilogrammes de laine, en douze parties de quatre kilogrammes un sixième chacune, qu'on nomme poizal, et de faire répandre un kilogramme d'huile sur chacune; de manière que chaque poizal doit peser avec l'huile cinq kilogrammes un sixième.

Le seul et principal devoir des drosseurs est de bien mêler la laine, d'en multiplier les filets par un léger brisage, et de les ranger en longueur les uns à côté des autres : l'opération de la carde doit disposer la laine à faire un fil uniforme dans la matière et la couleur, mais en même temps très velu, garni d'une multitude de petits brins de la plus grande finesse.

Une laine bien drossée doit se trouver démêlée, peignée à fond, avoir ses feuillets transparens, et former des petits sillons réguliers; la bordure d'en haut, ou talon, ne doit pas être grosse, et il faut au bas de la droussée une barbe nommée soie, qu'on forme en tirant bien au long, ce qui aide à faire le beau fil.

Le drossage aux machines hydrauliques exige le même soin et la même opération que le drossage à la main.

CHAPITRE VI.

DU CARDAGE.

Lorsque la laine est drossée, elle est remise aux cardeuses; cette opération diffère de celle du drossage par le plus de délicatesse des instrumens, en ce qu'elle se fait sur les genoux, et qu'elle ne demande pas autant de force : aussi elle est ordinairement faite par des femmes.

Les petites cardes n'ont que huit à neuf pouces de long, deux et demi de large; elles doivent être d'une finesse proportionnée à la qualité de la laine. On tient de la main gauche celle de par-dessous sur le genou, on la charge de laine légèrement, on saisit avec la main droite la carde de par-dessus, puis on les fait agir l'une sur l'autre en sens op-

posé ; après avoir donné trois tours de carde, on
dégage la laine de dedans la carde, puis avec le
dos de l'une, on roule sur l'autre le feuillet, en
lui donnant la forme d'un cylindre : les deux filets
ainsi disposés se nomment loquettes.

Pour reconnaître si les loquettes sont bien
faites, il faut qu'en les présentant au jour, elles
paraissent claires, bien unies des deux côtés ;
qu'elles ne soient pas plus garnies de laine d'un
côté que de l'autre ; qu'en les secouant dans le sens
de leur longueur, elles s'étendent sans se rompre ;
qu'enfin les filamens laineux, bien allongés, rangés
en sillons, soient sans aucun mélange. Les loquettes
ne sauraient êtres trop légères, surtout pour la
chaîne ; plus la laine est adoucie, fine et soyeuse,
plus la filature est facile, égale et belle.

On doit avoir la même précaution et donner les
mêmes soins au cardage qui se fait dans les ateliers
à mécaniques.

CHAPITRE VII.

FILER LA LAINE.

La filature est l'opération qui suit immédiatement le cardage. En général, les rouets employés
à filer la laine cardée sont élevés d'un pied au-dessus de la terre ; la roue en est grande, elle est mue

sans manivelle, par la seule impression de la main
sur l'un des rayons ; la noix que porte la broche
ne sert qu'à recevoir la corde du rouet, laquelle
est ouverte ou croisée, suivant qu'on veut filer
plus ou moins tors ; la laine destinée à faire la
chaîne des draps se file à corde ouverte, le mouvement de la roue étant plus libre s'accélère alors plus
aisément, le tors en est plus considérable et il
s'opère de gauche à droite ; celle pour la trame,
qui doit être moins fine, moins torse, beaucoup
plus molle, se file à corde croisée, et le tors se fait
de droite à gauche ; la broche de ce rouet est
placée au-devant des poupées auxquelles sont
attachées deux petits bancs avancés qui les portent,
sa pointe excède en avant d'environ six pouces.

La fileuse tenant de la main gauche la portion
de laine cardée qu'on nomme loquette, en tire une
petite partie qu'elle attache vers le milieu de la
pointe de la broche, puis faisant tourner la roue
de la main droite, elle tire et lève la gauche en
face de la droite, mais en divergeant un peu,
laissant échapper de la laine, qu'elle maintient sans
la trop serrer, ce qu'il en faut pour former un fil
nourri, égal et consistant, d'une grosseur proportionnée à celle de la matière qui le fournit. Quand
elle a fait ainsi une aiguillée aussi longue que
l'étendue de son bras le lui permet, elle arrête la
roue, lui donne un petit mouvement en sens
contraire, pour que l'aiguillée, qui a com-

mencé à se tourner sur la broche, soit un peu
relâchée; elle approche alors son bras, attire le
fil de manière qu'il fasse un angle droit, et elle
avance la main à mesure que le fil s'entortille sur
la broche; elle recommence une nouvelle aiguillée
à la suite de la première en tirant de la même manière, et continue ainsi à filer et revider successi-
ment jusqu'à ce que la loquette tire à sa fin; alors
au peu de laine qui lui reste dans la main, elle
joint une nouvelle loquette qui s'y incorpore, de
manière que rien n'est perdu.

Les loquettes pour la trame sont plus grosses
que celles destinées pour la chaîne; cette grosseur
est déterminée par la grandeur des petites cardes.
Les loquettes pour la trame sont filées comme
celles pour la chaîne, mais on leur donne deux
tours de roue de moins : cette diminution de mouvement, jointe au surplus de matière, donne un fil
plus gros et moins tors. L'exactitude et la régularité
nécessaires à cette opération de fabrique demandent
que les fileuses s'appliquent exclusivement à un
objet, c'est-à-dire que les unes filent uniquement
pour chaîne, et les autres seulement pour trame.

En général la trame doit être filée grosse et ouverte, c'est-à-dire peu torse, afin qu'elle ait une
douceur et une flexibilité qui lui permettent
d'entrer aisément dans la chaîne : les fileuses
doivent cependant éviter de laisser trop d'ouverture, parce qu'alors la trame se romprait trop

fréquemment dans le tissage, ce qui obligerait à faire des nœuds dont la multiplicité rendrait le drap imparfait.

Il faut faire la chaîne torse autant que la trame est molle et enflée : on file de suite autant de loquettes qu'il est nécessaire pour charger la broche; la laine filée est ensuite mise en écheveaux, c'est-à-dire dévidée.

CHAPITRE VIII.

DES DÉVIDEUSES.

Le dévidage se fait sur un axe ou dévidoir, qui a cinq quarts de circonférence; l'écheveau, tant en chaîne qu'en trame, est composé de cinq cents fils sur le dévidoir; on divise ce nombre en dix parties égales de cinquante chaque, et que l'on nomme tours : donc l'écheveau est composé de dix tours.

Pour ne rien omettre de ce qui peut être avantageux à la fabrique, je vais donner une idée du dévidoir, et avertir des inconvéniens causés le plus souvent par le peu d'attention.

L'axe du dévidoir est terminé en arrêts, dont le nombre est relatif. Si la roue d'entrée dans laquelle ces arrêts s'engrènent est de seize dents, l'axe tournera quatre fois, et cette roue une seule; et la grande roue dans laquelle les arrêts

s'engreneront sera de cinquante dents et ne tournera qu'une fois, c'est-à-dire que le dévidoir fera
cinquante tours lorsque la grande roue en fera un.

Après dix tours de révolution de la grande roue,
on arrête, on fait la ligature, et l'on dégarnit le
dévidoir pour recommencer. En voilà assez pour
faire sentir combien le fabricant a de facilité,
pouvant toujours faire la destination de la matière
sans autre examen, sur le nombre seul des écheveaux à la livre ; mais il est bon d'être prévenu que
quoique l'écheveau ait reçu les dix tours, il peut
néanmoins se trouver incomplet, et avoir moins
de cinq cents fils. Ce défaut peut venir de ce que
les dévideuses ne s'arrêtent pas de suite quand le
fil a cassé ; les tours du dévidoir, jusqu'à ce qu'elles
s'arrêtent pour reprendre et renouer le fil, sont nuls.
L'effet de cette inattention des dévideuses, sans être
affectée, étant de diminuer l'écheveau de plus d'un
tour, on voit aisément par là que la fraude peut y
avoir quelque part dans les manufactures où la filature se paie par écheveau ; voilà pourquoi il est à
propos, avant de se déterminer d'après le poids
des écheveaux, d'en vérifier quelques uns pour
voir si le nombre des fils est complet.

CHAPITRE IX.

DES DEVOIRS QUE LE CONTRE-MAÎTRE DOIT REMPLIR DANS LES OPÉRATIONS PRÉCÉDENTES.

1°. *Au déchiffrage.* IL doit veiller à ce que les ouvriers, dans cette partie, fassent bien les divisions; qu'ils ne mettent pas une qualité sur le tas d'une autre; que l'extraction d'une toison soit faite bien régulièrement; que les grosses ordures soient ôtées, et que le magasin où cette opération a lieu soit tenu bien propre.

2°. *A l'échaudage.* Il doit examiner si l'eau est au degré convenable; si les échaudeurs remuent bien la laine, afin qu'elle se dépouille bien de son suint; si ces ouvriers ramassent bien les morceaux qui peuvent errer çà et là dans l'atelier; si en vidant les chaudières ils veillent à ce que l'eau du suint n'emporte pas la laine qui peut y être tombée; et s'ils tiennent de la laine aux laveurs, afin que ceux-ci ne perdent pas leur temps.

3°. *Au lavage.* Il doit avoir soin que les laveurs ne laissent échapper aucun morceau de laine en la mettant dans leurs paniers, en la lavant, ou en la sortant, parce qu'étant entraînée par le courant de l'eau, ce serait une perte pour le fabricant; que le premier et le second laveur donnent les tours de fourche ou de jambe nécessaires, qu'ils ne la feutrent pas en la faisant tourner dans leurs paniers, et que le troisième laveur ne sorte la laine de son panier que parfaitement dégraissée.

4°. *Au séchage.* Il doit empêcher que les femmes qui ont soin de sécher la laine ne la manient trop, étant en pleine eau ; il doit faire placer les tas comme il faut, et suivre la manière de sécher qui est indiquée ci-dessus ; ne faire rentrer la laine que lorsqu'elle est parfaitement sèche, et s'assurer que ces mêmes femmes ramassent bien tous les morceaux afin qu'il ne reste rien sur l'étendoir, ce qui serait une perte pour le fabricant.

5°. *Au drossage.* Que ce soit dans la maison du fabricant, ou dans l'atelier de mécaniques, il doit veiller à ce que la laine soit huilée bien à propos, avec la quantité nécessaire, qu'elle soit drossée bien droit, afin que les filamens soient unis et soyeux.

6°. *Au cardage.* Il doit encore prêter son attention dans cette partie, afin que les loquettes soient uniformes, qu'elles ne soient pas trop chargées de laine, pour qu'elles puissent donner un fil uni et d'une égale grosseur, tant pour la chaîne que pour la trame.

7°. *Du filer et dévider.* Enfin il doit veiller à ce que la filature de la chaîne soit torse, que celle de la trame le soit moins, que les écheveaux contiennent le nombre des fils ; il doit exercer la plus

grande surveillance sur toutes les opérations pré-
citées, faire attention que les ouvriers s'acquittent
de leur devoir, et s'assurer de leur fidélité. Comme
la longueur d'une chaîne est subordonnée à la
volonté du fabricant, je vais, dans le tableau ci-
après, donner le nombre d'écheveaux nécessaire
pour trois mètres et plus de longueur, depuis un
seizain jusqu'à un quarantain.

CHAPITRE X.

DE L'OURDISSEUR.

L'INSTRUMENT de l'ourdisseur est une espèce de
chevalet qu'on nomme canelier, qui a environ
quatre pieds de hauteur; il soutient, sur deux
rangs différens, dont l'un est plus élevé que l'autre
de huit à neuf pouces, quarante bobines, vingt à
chaque rang. Ce nombre varie selon les lieux de
fabrique, mais chaque rang forme toujours la
demi-portée. Aux deux bouts de chaque rang, il
y a deux ficelles qui s'étendent dans toute la longueur de la rangée, et entre lesquelles on fait passer
les fils des bobines pour les tenir sur le même plan
et faciliter le dévidage; il y a des caneliers qui portent au-devant de chacun de leur rang une grille
verticale faite de bois très poli, et entre les bar-

reaux de laquelle passent les fils qui se dévident de dessus les bobines.

L'ourdissoir est composé d'un arbre vertical et tournant, de six pieds de haut sur environ trois pouces de diamètre ; cet arbre vertical, qui est posé par le bout inférieur sur une crapaudine, et qui est reçu par l'autre bout dans un collet, est traversé à deux ou trois hauteurs différentes par des bras horizontaux à l'extrémité desquels sont assemblés quatre tringles verticales, ce qui forme comme un gros cylindre de trois ou quatre aunes, plus ou moins, suivant l'emplacement de la manufacture ; en un mot, c'est un grand dévidoir posé verticalement, au lieu que ceux qui forment les écheveaux sont horizontaux. Deux des tringles verticales qui forment la circonférence de l'ourdissoir, sont liées l'une à l'autre vers leur partie supérieure par une traverse fixe, dans laquelle il y a trois broches ou trois chevilles de bois qui sont horizontales, et qui sortent au-dehors de l'ourdissoir d'environ huit à neuf pouces ; cet excédant sert à tenir partagés les fils qui forment la croisure de la chaîne. Il y a aussi au bas de ces deux mêmes tringles verticales, une autre traverse qui est mobile et qui repose seulement sur les bras ; cette traverse porte deux chevilles horizontales semblables à celles de la traverse d'en haut ; elles servent à faire ce qu'on appelle la petite croisure.

On laisse la traverse d'en bas mobile, pour

pouvoir diminuer la longueur de la chaîne ou l'augmenter à volonté.

Comme il entre un grand nombre de fils dans la chaîne d'un drap qu'on monte sur le métier de trois mètres et plus de largeur, suivant la finesse de la laine ou la volonté du fabricant, il ne serait pas possible de manier à la fois ce grand nombre de fils ; mais on les divise par faisceaux composés ordinairement de quarante fils ; ces faisceaux se nomment portées. On étend d'abord les fils par demi-portées de vingt fils, et on met sur le cane-lier vingt bobines.

Quand il est question de poser la chaîne sur le métier, il faut la disposer de manière que la moitié des fils puisse être élevée pour former le pas d'en haut, et que l'autre moitié puisse être abaissée pour former le pas d'en bas, de sorte qu'alterna-tivement un fil doit s'élever pendant que le fil voisin s'abaisse, afin de former un croisement dans lequel on passe la trame pour former un entrela-cement ou tissu semblable aux toiles ordinaires.

Il est donc facile de concevoir que pour ourdir une demi-portée qui doit être de vingt fils, il faut étendre à la longueur de la chaîne les fils des vingt bobines qui sont sur le canelier, et outre cela les croiser.

Pour conserver le croisement des fils, on les pose entre les chevilles d'en haut de l'ourdissoir, et ce croisement s'appelle la grande croisure. Elle sert à tenir rangés tous les fils de manière qu'ils puissent faire aisément, sur le métier, l'entrelacement qui forme le pas d'en haut et le pas d'en bas ; la grande croisure forme la tête de la chaîne.

La petite croisure se fait au bas de l'ourdissoir; elle sert à ranger toutes les parties à leur place, et elle forme la queue de la chaîne.

Ainsi, lorsque l'ourdisseur veut faire les portées d'une chaîne il commence par mettre sur son canelier vingt bobines dans des broches de fer qui sont rangées, savoir, dix au premier rang, et dix au second; il prend les bouts de ces vingt bobines, les noue ensemble, ce qui forme une espèce de cordeau qu'il tient de la main gauche, et, après s'être un peu éloigné du canelier, il sépare exactement les fils du rang d'en haut d'avec ceux d'en bas, ce qu'il fait avec les doigts, surtout avec le pouce et l'index de la main droite; il laisse donc le premier fil du rang supérieur, et avec le pouce il relève le premier fil du bas; il continue cette opération jusqu'à ce qu'il ait pris les vingt fils, de manière que ceux qui étaient au rang d'en haut se trouvent au rang d'en bas, mais entrelacés l'un dans l'autre. Il accroche ensuite à la première cheville du haut de l'ourdissoir, le bout du cordeau noué ou de la demi-portée qu'il tient de la main gauche; puis il fait entrer les deux autres chevilles dans la croisure qu'il a faite et qu'il tient de la main droite, en sorte que les fils qui viennent des bobines du rang supérieur, et qu'on passe sur la seconde cheville, passent ensuite sur la troisième, ce qui forme la grande croisure ; ensuite l'ourdisseur, tenant de la main droite les vingt fils réunis, fait tourner l'ourdissoir avec la main gauche, et à mesure qu'il tourne, il baisse insensiblement la main droite, jusqu'à ce que la demi-portée soit parvenue au bas de l'ourdissoir, et que la chaîne ait la longueur qu'on a voulu lui donner ; pour lors , quand il est au bas, il arrête l'ourdissoir et passe la demi-portée en faisceau sur la cheville première du bas de l'ourdissoir, et puis sous la seconde ; ensuite retournant et revenant sur ses pas, il la passe sous la cheville première, et de cette façon elle se croise, ce qui forme la petite croisure.

Cela fait, l'ouvrier donne à l'ourdissoir un mouvement opposé à celui qu'il avait en premier lieu, et il conduit la demi-portée du bas en haut ; ensuite, quand il est arrivé au haut de l'ourdissoir, il sépare les fils avec les doigts, ainsi qu'il a été dit ci-dessus, et les fait entrer dans les chevilles, pour maintenir le croisement, comme il a fait précédemment, et il fait passer la demi-portée à la première cheville d'en haut, autour de laquelle il fait passer la demi-portée ; alors la portée est faite en entier. L'ourdisseur continue cette manœuvre jusqu'à ce que l'ourdissoir soit chargé du nombre de fils qui est nécessaire pour la chaîne.

L'ouvrier doit avoir soin d'examiner souvent si
toutes les bobines tournent ; car s'il y avait un fil
de moins à une portée qu'à l'autre, il en résulterait un défaut de tissage. Il doit aussi veiller à sa
demi-portée, qu'il faut qu'il conduise à plat
comme si c'était un ruban ; et aussitôt qu'il
s'aperçoit que les fils viennent à se rompre, il faut
qu'il arrête l'ourdissoir pour les renouer avec propreté. Il doit avoir soin aussi de conduire et de
tenir toujours le cordeau tendu avec une égale
force; sans cette attention, il y aurait, lors du
travail du tissage, des poches dans la chaîne, qui
paraîtraient infailliblement dans le drap.

Quand la chaîne est ourdie, on arrête les croisures, en passant dans l'espace qu'occupaient les
chevilles, un ruban qu'on noue fortement par ses
deux extrémités. Il n'est plus question, après
cela, que de marquer vis-à-vis une des tringles verticales de l'ourdissoir, les enseignes de la chaîne,
qui sont ordinairement de trois mètres de longueur, et qui varient suivant les lieux; la chaîne
est après cela démontée de l'ourdissoir, et livrée
aux colleurs pour la coller.

On se sert, dans quelques fabriques, d'un ourdissoir différent de celui dont il vient d'être question, et surtout dans le midi. Les pièces qui le
composent sont deux pièces droites parallèles,
ayant six pieds de haut, posées d'aplomb contre
le mur, fixées en haut et en bas par deux tra-

verses qui les tiennent à trois mètres de distance
l'une de l'autre. Ces deux montans sont garnis
chacun de chevilles de bois depuis le haut jusqu'au
bas, plantées à trois pouces de distance l'une de
l'autre. Ces chevilles excèdent en avant des montans de l'ourdissoir d'environ neuf à dix pouces;
elles servent à retenir la chaîne dont l'ourdisseur
les charge en demi-portées, soit en descendant,
soit en montant. Sur la traverse supérieure qui
lie les deux montans, et à un pied du côté intérieur du montant à droite, sont deux chevilles
qui servent à tenir séparés les fils de la grande
croisure; on se sert pour la petite croisure d'une
baguette de demi-pouce de diamètre sur un pied
de longueur, elle est mobile selon le plus ou le
moins de longueur à la chaîne, et se place à côté
de la cheville où la chaîne finit.

L'ourdisseur, pour commencer son ouvrage sur
cette espèce d'ourdissoir, noue la demi-portée, et
l'attache à la première cheville d'en haut du montant à droite, forme la grande croisure sur les
chevilles voisines destinées à cet usage, et porte
ensuite cette demi-portée sur la première cheville
du montant à gauche; de celle-ci il la porte
sur la deuxième cheville à droite, puis sur la
deuxième à gauche, ainsi de suite, toujours en
descendant en zig-zag, jusqu'à la baguette où il
fait la petite croisure; il va ensuite faire le tour
de la cheville voisine de la baguette, revient exac-

tement sur ses pas en suivant tous les zig-zags jusqu'en haut, où, après avoir fait la grande croisure sur les chevilles, il la passe autour de la première cheville d'en haut; pour lors la première portée est faite, et il commence la suivante.

Le canelier ne diffère en rien de celui dont j'ai déjà parlé, si ce n'est qu'au lieu de bobines, on se sert de lanternes ayant un pied et demi de haut. C'est sur ces lanternes que se dévide le fil.

La surveillance que doit exercer le contre-maître dans l'opération de l'ourdissage, consiste à faire attention que l'ourdisseur mette bien la longueur à la chaîne, ainsi qu'il lui a été prescrit, soit par lui, soit par le fabricant; que les marques soient bien posées de trois en trois mètres; que les fils soient noués proprement et les croisures bien faites.

CHAPITRE XI.

DES COLLEURS.

On encolle la chaîne pour la rendre plus ferme et plus aisée à employer, et afin qu'elle résiste au frottement du peigne sans bourrer. On colle ordinairement la chaîne avec quatre ou cinq livres de colle de Flandre, pour une chaîne pesant de trente à trente-deux livres. Dans le midi, pour une chaîne pareille, on emploie trois ou quatre

livres de colle de Castres ou autre. On peut aussi
coller la chaîne avec des rognures de peau ou de
parchemin, ou avec des peaux de lapin dépouillées
de leur poil.

Pour préparer la colle, qu'on doit faire à mesure
qu'on en a besoin, on prend les peaux, et après
les avoir laissées tremper quelques heures dans
l'eau, les avoir tordues et lavées, on les jette dans
un chaudron, où on les fait bouillir pendant
quinze heures, plus ou moins, suivant la saison.
Quand les peaux sont fondues, on passe la liqueur
au tamis pour la purifier de son marc, ensuite on
la met dans un long baquet. Quand elle est refroidie au point d'y pouvoir mettre la main, on y
trempe la chaîne que l'on comprime avec la main
pour la faire imbiber, on la retire sur-le-champ,
on la tord par parties, et on la secoue afin qu'elle
s'imprègne uniformément de colle. Un bain trop
chaud dissout et attendrit la laine, il ne donne
point de consistance à la chaîne; un bain trop
froid fait le même effet. Si l'on n'avait pas tordu
la chaîne également, alors il s'y trouverait des
placards de colle qui attacheraient les fils les uns
aux autres, ce qui porterait un obstacle infini
dans l'opération du tissage.

Il faut cependant que la colle soit plutôt un peu
trop chaude que trop froide, parce que la chaleur
fond le plus gros de l'huile qui se trouve sur la
chaîne, lorsqu'elle fait place à la colle. On laisse la

chaîne toute collée sur le plancher bien net, jusqu'au lendemain, pour qu'elle se refroidisse et
qu'elle prenne la colle ; il faut, pendant cet intervalle de temps, la retourner plusieurs fois, sans
quoi le dessous serait plus collé que le dessus ; on
transporte ensuite la chaîne à l'étendoir, où l'on
a disposé des perches plantées de distance en
distance, dans un mur ou sur des piquets en
terre ; c'est sur ces perches qu'on étend la chaîne
pour la faire sécher. Dans les grandes chaleurs, on
les étend le matin, et en hiver on les étend pendant le soleil. Le colleur la tire en longueur pour
étendre les fils et les détacher les uns des autres ;
on élargit les croisures, afin de pouvoir remettre
à leurs places tous les fils rompus qui pendent par-
dessous les perches.

Dans le cas d'une pluie imprévue, il faut retirer
la chaîne de l'étendoir, la mettre à couvert, et
l'étendre de nouveau aussitôt que le beau temps
est revenu. Quand, par des orages, une chaîne a
été mal collée, on la réencolle, mais la chaîne en
souffre beaucoup ; il est impossible de la bien
monter sur l'ensouple, et le tissage n'y est jamais
bien exécuté. Quand pour encoller on se sert de
colle de Flandre ou de Castres, il suffit de la dissoudre dans de l'eau chaude.

Le contre-maître, dans cette opération, doit
veiller à ce que l'encolleur tire assez la chaîne à
l'étendoir, qu'il noue les fils qui se cassent, et

14

profiter du beau temps pour faire encoller autant que possible.

~~~~~~

CHAPITRE XII.

DES LISIÈRES.

L'OUVRIER les ourdit comme une chaîne ; mais comme le poil, étant plus grossier que la laine du drap, foule plus vite, on fait les lisières plus longues que la chaîne, et ordinairement cet excédant de longueur doit être de cinq pour cent. L'ourdisseur a soin de distribuer cet excédant de longueur proportionnellement sur chaque enseigne de trois mètres, afin que les tisseurs, en travaillant, puissent la conduire juste jusqu'à la fin. D'ailleurs, les tisseurs ne peuvent se tromper en montant les lisières ensemble avec la chaîne sur l'ensouple, et après les avoir étendues ensemble en collant la chaîne.

~~~~~~

CHAPITRE XIII.

DU TISSAGE.

Construction du métier.

LE bâti d'un métier à draps, comme celui des métiers à toiles, est à deux étages ; le premier, incliné de l'arrière en avant, est élevé du sol d'environ deux pieds et demi d'une part, et à peu près deux pieds séulement de l'autre part; la pièce de réunion de la partie du devant avec celle du derrière se nomme rameau; elle a cinq à six pieds de longueur, sur quatre à cinq pouces de face ou six pouces d'inclinaison.

Les pièces des côtés, parallèles et écartées de dix à onze pieds, sont liées ensemble par une forte planche, et ces côtés le sont l'un à l'autre par une forte traverse placée à la hauteur d'un pied, et chevillée dans les deux piliers du devant; cette traverse, qui sert de marche-pied au tisseur lorsqu'il monte sur le métier, et aussi sur laquelle il se repose, porte le nom de truau.

Le deuxième étage est composé du prolongement de cinq à six pieds de hauteur, de quatre montans qui forment les quatre angles du bâti, et qui dépassent cependant de sept pouces sur le derrière le bout des rameaux.

Les montans des côtés sont assemblés par le haut dans une forte traverse qu'on nomme chaperon, et les côtés sont liés l'un à l'autre par deux traverses attachées un peu au-dessus du chaperon; l'une de ces traverses s'appelle barre du devant, et l'autre barre du derrière ou barre à monter la chaîne.

Ainsi la case des métiers à draps a communément neuf pieds de hauteur, dix à onze de lar-

geur, et cinq et demi de profondeur. Pour n'es-
suyer aucun ébranlement dans le travail, elle doit
être appuyée et bien étayée; ses montans doivent
avoir environ quatre pouces carrés, et toutes les
parties doivent être faites d'un bois sain et sec.

Un madrier mis en avant du métier, qui porte
sur les extrémités des rameaux, et qui est attaché
en talus sur les montans, forme un espèce de siége
aux tisseurs. Plus l'inclinaison du siége rapproche
son plan de la ligne verticale, moins les tisseurs
ont d'assiette; plus ils sont en force du bas, et
mieux ils font croiser les fils de la chaîne.

A neuf pouces en avant du banc, les deux rameaux soutiennent une pièce de bois poli de sept
pouces de face, qu'on nomme poitrinaire, dans la
longueur de laquelle est une ouverture à jour d'un
pouce de largeur, où l'on fait passer l'étoffe à
mesure qu'elle est tissée.

A quatre pouces au-delà de l'encouloir, est la
chasse, pièce qui porte le peigne et qui le fait agir.
Devenue indispensable pour la fabrication de toutes
les étoffes tissées à fils croisés, la chasse est composée de quatre parties, les deux épées, la cape, et
le sommier. Les deux épées sont des planches
étroites, minces, posées verticalement et suspendues aux chaperons au moyen d'une branche de
fer vis-à-vis dont elles sont armées par le haut, et
dont le bout, élevé au travers d'une grande mor-

taise au-dessus des chaperons, y est retenu par un bâton de fer forcé dans une cramelière aussi de fer, attachée le long de chaque mortaise.

La cape, au-dessus de la chasse, et le sommier, au fond de la chasse, sont deux traverses rassemblées au bas des épées l'une au-dessus de l'autre, à la distance d'environ quatre pouces; elles ont chacune dans leur partie une longue rainure pour recevoir et contenir le peigne; celle du fond de la chasse a environ le double, pour que le peigne, par un mouvement aisé, se prête aux diverses inflexions des fils de la chaîne; mais pour qu'ils donnent droit sur la trame, il faut que les deux rainures soient à égales distances sur le derrière de la chasse, en sorte que l'excédant de l'une sur l'autre soit tout en avant.

Le fond de la chasse fixé aux épées, doit être de niveau avec l'encouloir; le dessus de la chasse est seulement arrêté vers les extrémités avec des coins de bois, pour donner la facilité de l'élever et de l'abaisser suivant la longueur du peigne, suspendu parallèlement et légèrement à l'encouloir.

La chasse est très mobile, elle frappe droit la trame, elle la serre également, elle concourt à rendre le drap ras et uni.

Comme le sommier par une plus grande épaisseur de bois est plus lourd que la cape, il sert par son poids à en régler le mouvement, et frapper le drap beaucoup plus fort; on appelle porte-lames ou porte-lisses, une barre horizontale qui traverse le métier, et qui est soutenue par les deux bouts à un pied au-dessus du chaperon ; le nom de cette barre en indique la fonction. Indépendamment des lisses qui sont suspendues à la même hauteur avec des poulies montées avec des cordes qui tiennent aux lisses, on y place deux bobines chargées de fil de chaîne encollé, pour raccommoder ceux qui se rompent dans le travail.

La grosse ensouple est une poutre de bois bien sec et bien poli, de six à sept pouces de diamètre, aussi longue que le métier, et sur laquelle on roule la chaîne ; elle est placée par-derrière, en dehors des montans, sur l'extrémité des rameaux ; vers l'une de ses extrémités, elle est percée de plusieurs trous pour y passer une cheville et faciliter le moyen de dérouler et arrêter la chaîne ; et sur presque toute sa longueur, il faut une rainure d'un pouce de profondeur où s'emboîte le verdillon, qui est une longue verge de bois, ronde et unie, à l'extrémité de laquelle est attachée une longue corde. L'usage du verdillon et de la corde passée dans la séparation des parties qui forment la petite croisure, est de tenir en respect la queue de la chaîne le long de l'ensouple.

La petite ensouple, celle sur laquelle on roule l'étoffe à mesure qu'elle est tissée, est placée au-dessous de l'encouloir, et soutenue par ses extré-

mités sur la pièce de réunion des montans des
côtés. Elle n'a guère que quatre pouces de diamètre, mais elle est grande sur l'un de ses bouts.
On la fait tourner à l'aide de fortes chevilles qui
sont au bout, auquel se trouve placée une roue ou
cercle de fer denté, avec un chien de même matière, et
qui l'un et l'autre maintiennent toujours la chaîne
et le drap dans une tension convenable. Mais comme
les lisières, se trouvant beaucoup plus grosses que
le drap, dans leur enroulement s'éleveraient bientôt au-dessus de la superficie de celui-ci, ce qui
détendrait d'autant la chaîne, on obvie à cet inconvénient en donnant quelques lignes de moins à
la petite ensouple sur les extrémités ; en outre, on
doit avoir soin qu'elle ne soit jamais trop chargée.

Les marches qui correspondent et qui donnent
le jeu aux lisses, sont fixées et assemblées sous le
marche-pied des tisseurs, avec une cheville de fer
sur laquelle elles jouent, qui les traverse et les
soutient entre les montans. La partie qui est ainsi
fixée, et qui est le point d'appui du levier, se
nomme le talon des marches. Les marches servent à
attirer les lisses en bas.

Le vateau est composé de deux tringles en bois
parallèles l'une à l'autre, qui s'assemblent et s'ap-
puient sur deux traverses. Le cadre contient des
chevilles de bois qui ont environ deux pouces et
demi de longueur ; ces chevilles entrent à force
dans les tringles d'en-bas, et elles sont reçues dans

des trous percés à des distances égales sur la
tringle d'en-haut. Cette tringle a des trous en
nombre pareil, et à égale distance que ceux de la
tringle d'en-bas, et assez larges pour que les chevilles puissent y entrer et en sortir sans peine,
afin que cette tringle puisse s'élever aisément. Le
vateau doit avoir un peu plus de longueur que la
largeur que l'on veut donner à la pièce; enfin il
doit y avoir autant de chevilles au vateau que le
drap doit avoir de demi-portées. C'est dans l'intervalle d'une cheville à l'autre qu'on passe chaque
demi-portée, ce qui donne une plus grande facilité
à rouler la chaîne à plat sur la grande ensouple.

Des navettes.

La navette est longue et pointue aux deux
extrémités, ses pointes sont fixes aux deux bouts,
le milieu est une poche de trois pouces et demi de
long, d'environ deux pouces de large, et d'un
pouce et demi de profondeur. Il y a une ouverture
d'une ligne de largeur sur la longueur de la boîte
par laquelle sort l'eau de la bobine qui s'y trouve
renfermée pour tisser, le fil passant par le petit
trou qui se trouve à côté; il faut que le peigne
soit placé le plus avant possible, au niveau de la
face de la cape du battant, que la face du sommier
se prolonge en avant de trois à quatre pouces,
pour que le fil de la chaîne au sortir du peigne
repose dessus, et que la navette passant dans les

pas ouverts de la chaîne, y trouve un appui; il
faut encore que cette prolongation, ou planche
additionnelle, ait aussi lieu sur la longueur à ses
deux extrémités d'un peu plus que la longueur de
la navette.

Monter la chaîne sur le métier.

Quand la chaîne est bien collée et sèche, on la
monte sur le métier. Il faut quatre ouvriers pour
cette opération : le premier prend la chaîne à deux
mains en dehors du métier, du côté de la grosse
ensouple, et la passe sur la traverse supérieure du
devant, et il la tient du côté de la chaîne qui
répond à la grande croisure.

Entre cette barre et la grosse ensouple sont
placés un second et un troisième ouvrier qui
tiennent le vateau ou ratelier; dans chacune des
broches de ce ratelier sont distribuées les demi-
portées de la chaîne, après avoir délié le nœud qui
tenait la petite croisure. Au moyen de ce ratelier, on arrange la chaîne sur toute la longueur de
l'ensouple suivant la largeur que le drap doit
avoir; on passe dans les bouches à l'extrémité des
portées une baguette à laquelle est attachée une
corde, et qu'on appelle verdillon, que l'on fait
entrer ensuite dans la rainure de la grosse ensouple; deux ouvriers tenant le ratelier chacun à un
bout, doivent faire grande attention qu'aucun fil
ne casse, ou qu'il ne se trouve quelques portées

embrouillées, ou mêlées ensemble, parce que cet
inconvénient mettrait la chaîne en risque d'être
rompue. Celui qui tient la chaîne en dehors de la
grosse ensouple, doit la tenir bien ferme, et ne pas
la lâcher d'une main plus que de l'autre ; celui ou
ceux qui font tourner l'ensouple, se tenant du côté
où sont les lames, doivent tourner bien doucement
et uniformément ; de plus ils doivent veiller à ce
que la chaîne soit montée ferme, ce qui donne aux
tisseurs plus de facilité pour ouvrir fermement la
chaîne ; ils doivent aussi conduire les enseignes
très égales.

Aussitôt que la chaîne est montée ou roulée sur
la grande ensouple, on ôte le ratelier, en démon-
tant la tringle de dessus qui ne tient que par ses
extrémités, et l'on passe dans la grande croisure
des vergues, à la place des liens qui la tenaient.
On assure ces vergues aux deux bouts par des
liens, afin que la croisure ne s'échappe pas.

On dispose ensuite la chaîne à passer dans les
lisses, qui sont placées sur le métier à peu près
parallèlement l'une à l'autre ; dans la première, on
fait passer les fils du pas d'en-haut, et dans la
deuxième les fils du pas d'en-bas ; enfin l'on attache
ces fils les uns après les autres aux fils du peigne
qui traversent les lisses ; l'ouvrier ne saurait avoir
trop d'attention pour nouer tous ces fils, et
prendre garde de ne pas mettre les fils du pas d'en-
haut dans le pas d'en-bas.

Pour comprendre ce que sont les fils de penne et leur usage, il suffit de faire attention qu'on pourrait faire passer tous les fils de la chaîne 1°. par les lisses, 2°. par le rot ou peigne, 3°. ensuite par la fente de l'encouloir, et les attacher à la petite ensouple ; alors la chaîne serait en état d'être travaillée, mais la toile ne commence à se tisser qu'un peu en avant de l'encouloir ; ainsi toute la longueur comprise depuis le rot jusqu'à la petite ensouple serait perdue.

Pour éviter cette consommation inutile, on a des fils qui s'étendent depuis la petite ensouple jusque passé les lisses. Ces fils, qui servent pour plusieurs pièces de toile et qu'on nomme pennes, passent entre les broches du rot et dans la maille des lisses. On lie chaque fil de penne à un fil de la chaîne, et en tournant la petite ensouple, on fait passer tous les nœuds par les mailles entre les broches du rot, et quand on approche de l'encouloir, il commence à former le tissu.

On a remarqué qu'il est superflu d'avoir des fils de penne aussi longs que je viens de le dire ; et afin de les rendre fort courts, on les attache à une baguette qui doit entrer dans la rainure de l'encouloir ; il part de cette baguette plusieurs ficelles qui vont se rouler sur la petite ensouple, et par le moyen de ces ficelles on peut tirer en arrière la baguette, et en même temps les pennes qui répondent aux fils de la chaîne.

S'il se trouve des fils de chaîne ou de penne cassés, on doit laisser la place vide, parce qu'ensuite, lors du travail du drap à l'endroit où manquerait ce fil, comme on ne le tournerait pas, on y substituerait un fil courant, ou fil à nouer.

Pour achever de passer la chaîne et la mettre en état de travailler, on suspend les lisses par des lacets qui se trouvent à peu près au sixième des bouts lissés du haut des lames, on attache ainsi le côté droit avec une corde qui passe aux liais de l'autre lame.

Perpendiculairement à ces cordes, on attache d'autres lacets à chaque liais de dessous les lames, lesquelles sont aussi attachées aux marches, qui, par ce moyen, se trouvent suspendues; on met ensuite le rot dans la chasse du métier, où il se maintient au moyen des rainures creusées dans le dessous de la chasse qu'on appelle chapeau, et dans le sommier auquel le rot est assujetti. Le chapeau a la liberté de se lever lorsqu'on veut mettre le rot en place; mais il faut aussi qu'il soit retenu fortement pour résister aux efforts que les tisseurs font pour frapper la duite, et pour empêcher que le chapeau ne retombe sur le rot; il est ordinairement assujetti dans une position convenable par une cheville qui le traverse et qui passe dans les épées.

Tout étant ainsi disposé, deux tisseurs sont placés l'un à droite et l'autre à gauche, et font en sorte, par deux petits mouvemens qu'ils donnent en poussant les lames vers la grosse ensouple, que les lisses renvoient dans leurs mailles les nœuds qui joignent la chaîne avec les pennes. Les nœuds passés entre les lames des lisses, se trouvent entre les mailles et le rot; et pour leur faire passer le rot, il faut commencer par détourner la grossse ensouple d'environ quatre doigts, et tourner ensuite la petite ensouple, sur laquelle se roule le détour de la grosse; après quoi, en soulevant peu à peu, et partie par partie, les fils avec ménagement, du côté des lames, les nœuds passent dans le rot qu'on remet en place dans la chasse; et la chaîne se trouvant en état d'être travaillée, il ne reste plus qu'à disposer les lisières, si on les a déjà montées avec la chaîne, ce qu'on pratique assez souvent dans les manufactures, lorsqu'on ne craint pas qu'elles foulent trop vite; autrement, lorsque la chaîne du drap est montée et nouée, chaque tisseur prend les lisières de son côté, les fait passer sur le travers du haut du métier, et après leur avoir fait faire un seul tour sur l'ensouple, il passe les fils dans les mailles des lames et dans les broches du rot, pour les joindre au drap. Afin de les conduire également, il passe dans le milieu des lisières, un petit crochet auquel il suspend un poids, au moyen duquel il les rend lâches ou roides à son gré, pour qu'elles s'unissent également avec la chaîne du drap. Si les lisières sont trop lâches, il met une pierre dans le sac

15

où est le poids, et si elles sont trop roides, il en ôte.

Les draps larges fins et autres, dont la largeur en toile est considérable, sont ordinairement presque toujours fabriqués par deux ouvriers tisseurs, qui, placés dans le métier proche des lisières, se donnent la navette alternativement, à chaque pas ou croisure des fils de la chaîne, sur chacune des duites de la trame.

Si l'on conçoit que les mouvemens de ces deux ouvriers sont tous communs à la partie qui s'exécute actuellement, on sentira la nécessité qu'ils aillent l'un et l'autre au même instant, et qu'ils soient égaux en force et en durée. Ainsi chaque ouvrier en même temps a le pied gauche sur la marche gauche, fait lever la lame aux lisses du derrière et abaisse celle du devant; on ouvre le pas gauche, et celui des ouvriers qui est à gauche lance la navette de la main gauche, et celui qui est à droite la reçoit et la renvoie de la main droite. Sans l'union et le concert d'action, tant pour le temps que pour la force, toutes les parties mobiles seraient continuellement en contraction, les ouvriers se fatigueraient beaucoup; souvent des fils se casseraient, le tissage serait inégal, et le travail mauvais. Aussitôt que le premier fil de trame est passé, chaque ouvrier, tenant sur la cape de la chasse, la main autre que celle qui lance et reçoit la navette, attire à soi le peigne et la place contenue entre la cape et le sommier de la chasse ; tous deux rapprochent ainsi la duite ou fil de trame, qu'ils enfoncent et serrent au fond de l'angle que forment les croisures des fils de la chaîne.

On comprend aisément que sur une longueur de quatre-vingt-dix pouces, le peigne, contraint et gêné par un si grand nombre de fils, ne peut sans fléchir, et quelquefois briser, attirer les fils de la chaîne, être agité avec une force telle que deux coups rapprochent les fils de la duite au fond de l'angle pour les serrer autant qu'il convient les uns contre les autres. Il faut donc ramener plusieurs fois le peigne contre la duite, quatre, six, sept et jusqu'à huit fois aux draps les plus larges et les plus fins, ce qu'on appelle frapper tant de fois ; ensuite on démarche le pied gauche, on le soulève, on presse du pied droit sur la marche droite, la chaîne se ferme et se rouvre, mais croisée en sens contraire sur le pas droit au lieu du pas gauche ; sur-le-champ l'ouvrier qui est à droite envoie la navette à celui qui est à gauche, ils frappent ensemble, et ainsi de suite jusqu'à ce que la pièce soit achevée.

Lorsqu'il y a un demi-pouce de fait, on règle l'ouvrage, c'est-à-dire on rétablit chaque fil dans sa direction, dans sa croisure avec ceux dont il est proche, on raccommode ceux qui sont rompus, on retend ceux qui se sont lâchés, on en remet où il s'en est perdu, et on attache ceux-ci sous l'ensouple et on y suspend un poids.

D'abord on fait une partie d'étoffe qu'on nomme entre-bande ou chef, parce qu'en effet elle est tissée entre des bandes de quelques duites de fil de couleur. Ces entre-bandes sont de deux à trois pouces de largeur, et de la même matière que celle du drap. Quelques fabricans partagent la longueur de la chaîne en deux parties égales pour en faire deux draps, et font les entre-bandes au milieu de la longueur de la chaîne, et terminent ainsi par la première le premier drap et le second, en sorte que les deux têtes du drap se font au commencement et à la fin de la pièce.

Dès qu'on a une longueur suffisante pour contenir le temple, on le place en l'arrêtant sur les derniers fils des deux lisières; et lorsqu'il y a deux à trois pouces de largeur de chaîne ou d'étoffe fabriquée sur la toile d'un drap qu'il doit constamment maintenir dans sa largeur, on lève le temple et on le replace vers les dernières duites lancées, et l'on roule l'étoffe sur l'ensouple. Plus on travaille près, c'est-à-dire moins il y a de distance du temple au peigne, moins l'ouverture de la chaîne est longue, plus l'étoffe se fabrique régulièrement; il suffit que la navette passe pour donnner la trame qu'elle contient. La largeur qu'on vient de déterminer pour changer le temple, est ce qu'on appelle en draperie une demi-plicée.

Lorsque ces demi-plicées autour de l'ensouple se sont accumulées au point de former plusieurs doubles d'étoffe les uns sur les autres, ce qui en continuant gênerait les tisseurs par le trop de hauteur, de crainte que l'humidité n'échauffe l'étoffe tissée à trame mouillée, on déroule le drap, on le jette sur le faudet sous le métier, où il prend l'air et se sèche; on ne resserre sur l'ensouple que la longueur qu'il faut pour l'arrêter et l'y contenir, afin que la chaîne reste également ferme et tendue.

On termine une pièce comme on l'a commencée; lorsque le verdillon, qui se trouve contenu dans la rainure de la grosse ensouple, est entièrement découvert et qu'il s'en échappe, on l'attache avec des cordes pour prolonger la chaîne et en rapprocher l'extrémité vers le peigne, pour qu'on puisse la tisser jusque très près du verdillon. Alors on tisse la dernière bande; la chaîne étant achevée, on retire le verdillon, on noue par portée derrière les lisses le restant de la chaîne qu'on coupe et qu'on laisse passer en avant du peigne, et qui forme la penne nécessaire pour nouer la première chaîne au même compte de fils à monter sur le métier.

On lève la pièce, on la secoue, on en ôte avec les doigts les fils non tissés qui pourraient rester sur la superficie du drap; on le plie, et c'est dans cet état qu'il est rendu au fabricant ou contre-maître, qui le visite, reconnaît les défauts, et exerce sur

l'ouvrier la police établie à cet égard dans la manufacture.

De la surveillance du contre-maître dans l'opération du
tissage.

1°. Le contre-maître doit veiller à ce que le tissage
soit fait à trame mouillée, parce que cette méthode
adoucit la matière, la rend moins élastique, plus
souple à s'entasser dans la chaîne ; et à ce que cette
trame soit trempée dans de l'eau de pluie de préférence à toute autre. Cependant lorsque l'air est humide, que la colle dont la chaîne est imprégnée se
ramollit, que les fils de la chaîne se gonflent, perdent de leur consistance, deviennent très cassans,
alors une trame trop mouillée augmenterait tous
ces inconvéniens, il faut moins mouiller la trame.

2°. Les doublés duites, s'il y en a beaucoup,
doivent être regardées dans la fabrication des
draps comme un très grand défaut, parce que si
à l'épinçage on ne tire pas les fils qu'il y a de
plus, il se fera une côte que les apprêts n'effaceront pas. Si l'on tire ce second fil, indépendamment de la perte de la matière, et de la diminution du drap sur la largeur que cette soustraction
occasionnera, on rompra facilement quelques fils
de la chaîne, ce qui n'arrive guère sans former
quelques trous.

3°. Il doit recommander aux tisseurs après
une cessation du travail, au moment de le repren-

dre, de mouiller la dernière partie tissée de la toile, parce que sans cette précaution les premières duites ne s'approcheraient pas des anciennes, et qu'il se ferait des clairières, qui ne s'effaceraient ni par le foulage ni par les apprêts.

4°. Une chaîne trop tendue sur le métier ferait casser plus de fils, et empêcherait la trame d'entrer; si elle était trop lâche, elle consommerait beaucoup plus de trame qu'il ne faut, se perdrait aux apprêts, et donnerait moins de longueur après le foulage : de sorte qu'il faut qu'elle soit tendue de manière à éviter ces deux inconvéniens.

5°. Il doit souvent visiter les tisseurs, afin de les empêcher de laisser courir les fils rompus sans les raccommoder, parce qu'au foulon le drap en raison de ce défaut rentre plus promptement sur sa largeur, et n'acquiert de consistance et de force qu'aux dépens de sa longueur.

6°. Il doit examiner si les défauts que l'on nomme lardure, rosée vide, pas d'Angleterre, et pas d'araignée, qui sont assez fréquens de la part des mauvais ouvriers, n'existent pas dans le drap.

7°. La lardure a lieu lorsque plusieurs fils de suite, plus ou moins tendus ou arrêtés ensemble, ne se croisent pas avec les fils de la trame, et que ceux-ci passent au-dessous ou au-dessus de la chaîne sans se croiser, et forment le pont; effet qui résulte ou de ce que l'ouvrier tient mal un pied, ou de quelques masses de lisses, ou de fils rompus entre les lisses et le peigne qui s'embarrassent dans les autres fils et en arrêtent le jeu ; on répare le mieux possible cette faute, en rapprochant les fils voisins de ceux que l'on vient de rompre, afin que la trame se trouve entrelacée. C'est communément sur le pas gauche que se font les lardures, parce qu'alors la chaîne se croisant sur le derrière des lisses il s'ouvre à la navette un passage moins grand, dans lequel la croisure se fait en devant.

8°. La rosée vide provient de deux fils s'alliant entre deux broches.

9°. Le pas d'Angleterre se forme quand deux fils, l'un du pas de derrière, l'autre du pas de devant, se trouvent rompus aux deux côtés de la rosée vide. Après les avoir allongés on les passe dans cette même rosée.

10°. Le pas d'araignée se dit de deux fils de différens pas qui manquent entre deux broches, ou plutôt dans deux rosées contiguës. Ces trois défauts ne préjudicient à l'uniformité de la toile et ne sont guère sensibles, que par le vide et le clair qu'on remarque dans la partie de la chaîne.

11°. L'ouvrier doit encore éviter, dans le cas où plusieurs fils se rompraient dans le même temps et au même lieu, de les renouer tous à la fois ou sur la même direction ; il doit les renouer à quelques duites les uns des autres, parce qu'autrement il se formerait un tas de trame, qui s'éleverait et paraîtrait sur le drap.

12°. Le contre-maître doit savoir et faire observer aux tisseurs que l'on rend une chaîne moins sujette à former des ponts et à se rompre dans le travail, en liant les lisières avec des cordes qu'on appelle grandes lisses, attachées vers les extrémités à la partie où se terminent les mailles. Par ce moyen les tissées ou les mailles des lisses ne sauraient s'étendre; elles restent assez lâches pour que les fils y jouent à l'aise, et se prêtent lorsque quelques poils des uns en accrochent d'autres; les lisses en outre fatiguent moins et durent plus long-temps.

13°. La meilleure méthode pour employer avec moins d'inconvéniens une chaîne mal filée ou mal collée, est de l'huiler un peu de temps en temps entre les lisses et le peigne, parce que les fils s'accrochent moins les uns aux autres et coulent mieux.

14°. Il doit faire attention que les tisseurs tiennent leur ouvrage propre, qu'ils arrachent et coupent les barbes des fils ou nœuds qui paraissent à la surface du drap. Lorsqu'ils portent le drap, il doit le visiter en leur présence; à cet effet, il doit le passer, en un lieu très éclairé, sur deux perches élevées, distantes l'une de l'autre de deux ou trois pieds, le tirant doucement par les lisières, étant placé au milieu des deux perches de manière qu'il lui soit possible d'y découvrir le moindre défaut; il doit s'assurer si le poids de la chaîne et de la trame s'y trouve, et reconnaître par là la fidélité de l'ouvrier en le faisant sécher.

~~~~~~

CHAPITRE XIV.

DES ÉPINCEUSES.

Le napage ou épinçage d'un drap consiste à en tirer d'abord avec des petites pincettes de fer fort pointues, tous les nœuds, bouts de fil doubles, duites, petites pailles et autres ordures, et rapprocher les fils voisins pour garnir les vides. Cette opération pour les draps fins doit avoir lieu au moins trois fois : la première sur le drap en toile, la seconde en écru, et la troisième à la fin des apprêts.

Le drap étendu sur la largeur, et accroché par les lisières de chaque côté, s'épince sur une table en forme de pupitre, et au grand jour.

~~~~~~

CHAPITRE XV.

DU FOULONNIER.

Il n'est aucune des opérations qui concernent la fabrique qui nécessite une pratique plus

éclairée, et qui exige une attention plus suivie.
Avant d'exposer ce travail avec tous les détails que
mérite son importance, je vais parler des moulins à fouler et des ingrédiens qui servent à cette
opération.

Des foulons ou moulins à fouler.

La construction des moulins à foulon se réduit
à deux sortes : à maillets à façon de France, et à
pilons à façon de Hollande. Cependant Sedan,
pour le foulage des draps façon de Hollande, a
conservé les foulons à maillets; en Angleterre ils
sont aussi généralement à maillets, ainsi que dans
les manufactures du Languedoc et presque dans
toute la France. Tous doivent produire le même
effet, celui de retenir le drap dans un petit espace
replié en tout sens sur lui-même; de le tourner,
retourner, agiter, dégraisser d'abord; de l'échauffer, de le presser, de le faire rentrer, de le fouler,
de le feutrer : les premiers dans des piles droites,
verticalement ou debout; et les derniers obliquement, dans des piles inclinées.

On appelle pile ou pot une sorte d'auge dans
laquelle on met le drap, soit pour le dégraisser,
soit pour le fouler; cette pile est creusée dans une
pièce de bois de chêne de vingt à trente pouces
d'équarrissage et d'une longueur proportionnée
non seulement à la continuation de sa grosseur,
mais à la quantité des pilons ou maillets travaillant

deux à deux dans autant de piles ou auges, que l'on construit ordinairement depuis le nombre deux jusqu'à huit sur la même direction, et dans le même arbre s'il les peut contenir, et s'il y a suffisamment d'eau.

Sur les côtés de chaque pile ou auge sont élevés deux madriers de cinq à six pieds de longueur, assemblés et fixés parallèlement les uns aux autres dans une forte pile de bois horizontale; ces madriers empêchent l'écartement des pilons, et en déterminent la direction dans chaque pot. Les pilons des moulins sont des pièces de bois de chêne dur et sec, de trois à quatre pouces de face, assemblés deux à deux dans chaque pot; la tête de ces pilons est grosse et taillée carrément, et à angle rabattu par dents qui concourent, avec la forme circulaire au fond des pots, à y faire tourner le drap.

Dans les moulins à fouler, le rouage est ordinairement fort simple; l'arbre de la roue placée en avant des piles qui sont inclinées du même côté, lève par le bout les pilons en forme de maillets attachés par l'autre extrémité du manche avec des chevilles de bois dans des marionnettes établies sur une charpente solide; leur situation inclinée et leur impulsion oblique contribuent beaucoup à faire tourner le drap dans la pile.

Si l'on trouve plus commode et moins dispendieux de mettre beaucoup de piles dans le même arbre ou sur une même direction, il en résulte aussi l'inconvénient de ne pouvoir donner qu'un même mouvement à tous les maillets ; cependant il est des draps dont le foulage doit être plus pressé que celui d'autres draps, plus dans certains mouvemens que dans d'autres. Je sais qu'une plus ou moins grande quantité d'eau donnée à la fois augmente et ralentit le mouvement, mais il est toujours le même pour tous les pilons ou maillets placés sur le même arbre. Il est donc mieux de ne mettre que deux piles sur le même arbre ; d'ailleurs, les piles à dégraisser demandent ordinairement plus ou moins d'action, quelquefois plus de lenteur que celles à fouler. Il convient donc qu'elles soient absolument à part, elles sont d'ailleurs d'une construction bien différente. Ce sont des espèces de coffres de deux pieds de largeur qui n'ont pas de couvercles, et ne sont fermés sur le devant que par la tête des maillets qui frappent horizontalement. Ces coffres sont établis chacun sur un bloc, taillé de façon qu'il sert en même temps à boucher l'ouverture du derrière, et à porter à son extrémité supérieure les marionnettes où les maillets sont suspendus verticalement. La partie du bloc qui forme le derrière du coffre est coupée circulairement, afin de rendre le tournoiement du drap plus aisé ; elle est encore percée par le bas, ainsi que la table au fond du coffre, de plusieurs trous par où les eaux s'écoulent. Ces sortes de

16

piles sont disposées sur une même file à un ou deux pieds de distance les unes des autres, et leur couple de maillets peut être mue par l'arbre tournant.

Il est une chose bien essentielle à observer dans la construction des moulins à pilons, c'est de faire en sorte que ceux-ci ne tombent pas dans le milieu des auges, mais à un pouce plus près du derrière, de manière qu'ils ne puissent jamais en toucher le fond; quant à ceux des auges à dégraisser, il faut qu'ils soient élevés de quinze à dix-huit lignes, pour être hors d'état d'approcher du fond. Si les premiers frappaient dans le milieu des piles, et s'ils en atteignaient le fond, les draps ne pourraient pas tourner, ils s'affaisseraient, s'évideraient, et se déchireraient d'autant plus aisément aux endroits qui ne cesseraient pas d'être battus, qu'ils seraient plus fortement comprimés.

Si les uns et les autres frottaient encore dans leurs allées et venues contre le derrière des piles, ils couperaient le drap dans les endroits saisis entre ces pièces de bois. Ces accidens sont particulièrement à craindre dans le lavage des draps teints en noir ou en bleu, parce qu'alors la laine ayant beaucoup souffert à la teinture, et n'ayant plus la force de résister à une aussi violente action des pilons, le drap dépérirait nécessairement.

Lorsque le nez des pilons est usé ou s'éclate, il le faut réparer, pour que le drap n'en souffre pas et n'en soit pas déchiré. Cette réparation se fait en regarnissant les piles dans leur pourtour intérieur avec de vieux bois de chêne, et en recouvrant du même bois la partie dentée des pilons.

Pour les draps d'une matière commune, ou qui sont très serrés en chaîne ou en trame, les moulins à piles debout, quoique plus chers et d'un plus grand entretien que ceux à maillets, méritent la préférence. L'action de leur chute verticale est plus forte; ils sont plus susceptibles d'être tenus clos, d'être soustraits aux impressions du froid; il en résulte plus de chaleur, un foulage plus facile, plus prompt; le drap s'y retourne mieux par feuillets; il est mieux battu dans toutes ses parties, et feutre plus également.

Cependant lorsque le drap, au lieu d'être foulé au savon, est foulé à l'urine, le moulin à fouler à maillets est préférable; son effet est plus lent, et il est bien que le drap mette plus de temps à se défiler avant de s'échauffer et de prendre foule.

CHAPITRE XVI.

DES INGRÉDIENS QUI S'EMPLOIENT DANS LE LAVAGE, LE DÉGRAISSAGE ET LE FOULAGE.

Quoique, dans mon Traité complet et raisonné de fabrication de draperie, j'aie parlé des ingrédiens qui s'emploient pour le foulage, comme ce Traité a été seulement fait pour les fabricans, et que celui-ci est tout-à-fait destiné pour les ouvriers et les contre-maîtres, je pense qu'il ne sera pas mauvais de faire quelques répétitions du premier, afin que les foulonniers, qui ordinairement fournissent les ingrédiens, puissent en faire un bon choix, pour bien remplir leur devoir et contenter les fabricans.

L'urine, la terre-glaise et le savon, sont les agens généraux et presque les seuls en usage dans ces différens cas. Les deux premiers, combinés par l'action et la chaleur avec la graisse du drap qui se détache pour se précipiter sur eux, forment de véritables savons, solubles dans l'eau, et qui, avec quelques modifications bien déterminées, opèrent comme le savon même employé en nature.

L'urine, dont on n'use que lorsque sa propriété alcaline est développée par la fermentation putride, doit s'employer sans mélange d'eau, surtout sans mélange postérieurement à ladite fermentation, parce qu'alors le drap en serait bien moins lavé; inconvénient que l'on pressentirait en tordant la pièce en quelqu'une de ses parties; s'il en sortait, au lieu d'une liqueur savonneuse, une eau roussâtre, cela n'irait pas bien.

Ce n'est guère à la couleur de la terre-glaise que l'on doit s'arrêter; elle est grise de bien des

nuances, verdâtre, rougeâtre, noirâtre ; les deux
premières couleurs donnent les préjugés les plus
favorables, parce qu'ordinairement ce sont celles
de la première qualité, et que les autres donnent
lieu de croire à un mélange fiscagineux, par la
raison qu'elles rendent le drap plus sec et qu'elles
l'appauvrissent.

Le mieux est d'extraire la terre à foulon long-
temps avant de l'employer ; il faut au moins que,
tirée au printemps, l'été soit passé avant d'en disposer. Plus elle est sèche, mieux elle se dissout.
Employée trop fraîchement et trop nouvellement
extraite, elle ne prend point toute son adhérence ;
elle ne se divise pas entièrement ; elle se colle au
drap, y fait des placards ; elle ne détache pas toute
la graisse dont il est nécessaire que le drap soit
purgé ; elle le tare souvent par les sables et grabeaux dont on ne saurait assez la purger. On doit
éviter de la tenir dans un endroit exposé à la
pluie, parce qu'elle se laverait et perdrait une
partie de sa substance onctueuse, sans rien perdre,
au contraire, des sables et grabeaux qui pourraient
s'y rencontrer ; il s'y mêlerait, en outre, des
corps étrangers qui augmenteraient et multiplie-
raient les inconvéniens.

Avant de faire usage de cette terre, on en met
une certaine quantité dans un cuvier plein d'eau,
d'où on la tire à mesure qu'on en a besoin, mais
en la maniant et la remuant de manière à ce

qu'il n'y reste aucune partie qui ne soit entièrement divisée.

Les savons ne diffèrent pas moins dans leurs
composés factices, que la terre à fouler dans son
composé naturel; c'est le résultat de l'union intime
d'un alcali fluide et d'une huile. Les savons que
l'on emploie dans le foulage des étoffes sont durs
ou mous; tous les deux, qui sont désignés sous le
nom de savons de Marseille, sont faits avec de
l'huile d'olive, et se tirent de cette ville ou autres
pays méridionaux. Les savons mous, qu'on nomme
savons noirs, sont également composés avec de
l'huile d'olive, et l'on n'en emploie presque pas
d'autre dans le Languedoc pour le foulage des
draps.

Au nord de la France, dans les Pays-Bas, en
Angleterre, en Allemagne et ailleurs, la plus
grande partie des savons employés au même usage
sont faits à l'huile de graines, et prennent les noms
de savon rouge, savon vert, etc., suivant la couleur que leur donne la sorte de graine dont on a
extrait l'huile.

Avant que d'employer le savon dur, il faut le
faire dissoudre sur le feu dans une assez grande
quantité d'eau, en le divisant en copeaux fort
minces, pour qu'ils se réduisent en bouillie très
claire, et le remuer dans l'eau pour le manier. S'il
est mal dissous, il reste long-temps en pâte dans
la pile; il s'y étend mal; les parties du drap qui

n'en sont pas suffisamment atteintes bourrent et s'évident, tandis que celles où il abonde, et où il reste trop long-temps, sont dégradées de couleur.

A l'égard du savon mou, il suffit d'en empâter le drap suffisamment par quantités et distances à peu près égales, et de commencer le foulage avec une action douce et lente, qui donne le temps à la pièce de s'imbiber partout également, avant qu'il ait agi sur elle d'une manière sensible.

Du lavage.

On purge le drap de l'huile et de la colle qui ont servi d'intermède à la préparation des laines cardées et des chaînes ourdies ; on les dégraisse, soit avant, soit après le foulage, suivant la nature des ingrédiens employés à cette opération. S'il est question de les fouler au savon, la meilleure méthode est de mettre le drap hors de graisse avant le foulage, parce que le savon contient des parties pour empêcher la laine de se dessécher et de tomber en bourre ; car s'il existait une surabondance de matières grasses, elles contraindraient le drap dans la pile, il n'y tournerait pas également, et ne se foulerait pas aussi bien. Se propose-t-on de fouler à l'urine, on doit, pour modérer la constricité de l'alcali de l'urine, et en augmenter l'onctueux, laisser au drap toute l'huile et la colle dont il est empreigné.

A Sédan, on dégraisse le drap à l'urine ou à la terre, et on le foule au savon. On y divise le dégraissage en trois opérations successives et distinctes : dans la première, qui se fait à l'urine ou à la terre, on le dégraisse superficiellement, on le met en état de subir une visite, et de perfectionner l'épinçage fait en gras ; la seconde le dégraisse à fond ; par la troisième, il se trouve parfaitement disposé au foulage. Dans les deux premiers cas, on n'emploie que la terre-glaise.

Lorsque le foulonnier doit laver à la terre, il doit commencer par bien mouiller le drap, pour en amollir la colle et le bien disposer à s'enduire de terre. A cet effet, il le met en rond, le replie et le serre sur lui-même, tortillé sur longueur dans la pile à laver ; il débouche les trous, lâche un ou deux filets d'eau, qu'il augmente peu à peu, jusqu'à ce que le drap soit imbibé à fond. Au bout d'une demi-heure, il le retire de la machine, le met égoutter sur le chevalet, et lorsqu'il ne coule plus d'eau que celle qu'il lui faut pour bien délayer la terre, il le remet en rond dans la machine, dont il rebouche les trous à mesure qu'il le réempile. Il lui distribue environ deux seaux de terre bien délayée, bien épurée ; ensuite il le fait battre pendant trois quarts d'heure sans l'abandonner, jusqu'au moment où, dégagé de partout, et absolument libre de tourner, il roule uniformément sous les pilons. Il retire encore le drap de la pile, examine s'il a de la terre partout, pour lui en donner où il en manque; il le réempile, et le laisse battre pendant une heure au moins, jusqu'à ce que, ayant levé un coin du drap, et ayant exprimé l'eau, il paraisse net. Soudain il le dégorge en continuant de le faire battre, lui donnant de l'eau peu à peu, et débouchant les trous de la pile.

Quand le foulonnier voit que la terre est bien délayée, qu'elle paraît partout pénétrée d'eau, et dans la disposition d'entretenir la graisse et de s'échapper du drap, il doit le retirer, le détendre, changer les plis, le replier, lui donner de l'eau en abondance, le faire battre à grande eau jusqu'à ce qu'elle sorte claire; alors il le retire, et le met à égoutter sur le chevalet.

S'agit-il de laver le drap à l'urine, il n'est question que de le mettre en rond dans la pile, avec la quantité d'urine suffisante pour le mouiller à fond, et le faire tourner en le suivant et le visitant comme il est indiqué par l'opération précédente; et l'on s'assure du bon effet, lorsqu'en tordant un coin du drap, il en sort une humeur gluante et visqueuse : alors la colle en est dissoute, l'huile en est détachée, et l'une et l'autre sont en disposition d'être expulsées par l'eau.

Les principales attentions que le foulonnier doit avoir dans le lavage des draps, consistent à les faire bien égoutter avant de leur donner terre, sans quoi ils s'affaissent, s'empâtent et col-

lent, ils tournent difficilement, roulent inégalement, bourrent et s'évident; à les faire toujours battre lentement, pour qu'ils ne s'échauffent
pas et qu'ils ne se feutrent pas; à ne leur donner
d'abord l'eau qu'en très petite quantité, autrement la terre se délayerait mal.

Le drap est parfaitement dégraissé, lorsqu'après
en avoir lavé une place prise au hasard, après en
avoir exprimé l'eau, et le regardant au jour,
on n'y aperçoit aucune tache noire, jaune ou
grise, et qu'il paraît clair au fond; alors on dégorge la pile en faisant battre pendant deux heures
avec un filet d'eau, puis à grande eau pendant autant de temps; on le retire et on le fait égoutter.
On remachine le drap pendant autant de temps et
de la même manière que la première fois, avec
cette différence, attendu qu'il est encore mouillé
quand on l'empile, qu'on supprime le filet d'eau
lorsqu'il s'en trouve assez pour qu'il tourne aisément; enfin on le dégorge par degrés pour le
mettre entièrement hors de graisse.

Le foulonnier doit avoir soin de lisser le drap
d'heure en heure en le tirant de la machine, l'étendant et le tirant à deux par les lisières. Par cette
action, le drap est éventé, et perd la chaleur qu'il
avait contractée dans la pile, et on remédie aux
faux plis, surtout vers les lisières, qui rentrent
considérablement par l'effet de la terre; sans
cette précaution, le drap se trouverait rempli de

plis tellement feutrés, qu'il serait presque impossible de les étendre si on lissait moins souvent, et il serait exposé à être foulé par parties avant d'être dégraissé.

Le contre-maître doit savoir que plus un drap est lissé en terre, mieux il se dégraisse, mieux il est disposé à prendre à la teinture une couleur unie et résistante, et plus le foulage est doux et serré.

Il doit le visiter au grand jour : s'il lui paraît net et sans tache, flottant dans la main, s'il n'exhale aucune odeur désagréable, si la corde dilatée et gonflée a perdu une grande partie de son tors ; lorsque toutes ces apparences se réunissent, le drap est bien dégraissé.

Du lavage des draps teints en noir ou en bleu.

Pour bien purger les draps teints en noir, le foulonnier doit les machiner à la terre, comme le sont les draps en toile en sortant des mains des tisseurs. Il ne faut pas les faire battre à l'eau pure, cela durcit le drap, mais bien avec de la terre ; ce qui le rend doux et net.

A l'égard des draps bleus, on les imbibe seulement d'une eau claire un peu blanche de terre ; on les machine avec cette eau pendant deux ou trois heures, puis on leur donne peu à peu leur nécessaire pour les dégorger.

S'il est nécessaire de soigner les draps et de les manier souvent dans l'opération du dégraissage, à plus forte raison doit-on le faire dans le lavage des draps noirs et bleus, qui sont plus épais, et tournent plus difficilement.

Le contre-maître doit se hâter de faire laver les draps bleus et noirs du moment qu'ils sortent de la teinture, surtout les bleus, parce que cette couleur durcit et altère la qualité, si l'on ne les fait pas laver tout de suite. Pour s'assurer si le foulonnier a bien fait son devoir dans l'opération du lavage, il faut qu'en frottant le drap avec un linge blanc, il ne laisse aucun teint; car s'il tachait encore, il faudrait le faire machiner de nouveau à la terre et à l'eau, jusqu'à ce qu'il fût parfaitement net.

Manière de dégraisser les draps en toile en Normandie.

On met le drap au trempoir pour huit à dix jours. Ce trempoir est un canal de cinquante à soixante pieds de longueur, de douze à quinze de largeur, et de sept à huit de profondeur, pratiqué au-dessous d'un saut de moulin, et rempli de l'eau même qui en fait tourner la roue, ce qui augmente la rapidité du courant. Ce canal, uni et net au fond et par les côtés, est garni par le haut de sept à huit pièces de bois blanc poli, pour éviter les taches et les déchirures, plantées verticalement sur une même ligne de six pouces au moins de diamètre, et excédant de quelques pouces la surface de l'eau.

Les draps pliés en deux sur leur longueur, et arrêtés au pli même par l'un des pieux, flottent au courant de l'eau. On en met ainsi quelques pièces l'une sur l'autre, arrêtées sur le même pieu.

Durant ce long intervalle, la matière se dilate, le fil se détord, se détrempe, l'huile et la colle se délayent, se détachent, et il s'en échappe déjà une grande partie ; mais ils sont exposés à de grands dangers, qu'on ne peut éviter qu'en y veillant de près. Il faut que ces draps soient changés de place deux fois par jour, en observant de ne point les remettre sur le même pli, et de placer en dessus ce qui était en dessous ; sans quoi ils s'affaisseraient les uns les autres au point de ne pouvoir plus s'imbiber d'eau au fond, l'huile et la colle y fermenteraient, principalement aux plis où l'eau ne pourrait pénétrer.

On retire enfin le drap de l'eau, on le met à égoutter sur le chevalet, puis on le fait battre en terre dans les piles à fouler, observant de le lisser fréquemment. Lorsque la terre a produit son effet, on retire le drap de la pile, on le porte sur le pont du trempoir pour le houer. Cette opération consiste à lâcher le drap dans l'eau, à l'en retirer plusieurs fois, et à le battre avec de longues battes de bois à mesure qu'on le laisse échapper ; ensuite on le rempile, et on le fait battre à grande eau pour le dégorger et le rendre net.

La seule attention que doit avoir le fabricant

17

ou le contre-maître dans l'opération du trempoir, qui est la principale, est d'abréger le temps que les draps restent ordinairement au trempoir, lorsqu'on craint des altérations dans les couleurs, ou des taches dans un drap blanc destiné pour uniforme, qui se roussit facilement.

Du dégorgeage.

Lorsque le drap est foulé, l'ouvrier doit profiter du moment de sa chaleur, et du plus grand degré de fluidité du savon, pour le dégorger; ce qu'il fera en le mettant à plat dans la machine, et l'y faisant tourner et battre pendant une heure avec un filet d'eau, puis à grande eau, jusqu'à ce qu'elle sorte claire de la pile; ensuite il le retirera, et le mettra à égoutter. S'il s'y montrait encore quelques taches ou quelques placards de savon, il faudrait lui redonner de la terre jusqu'à ce qu'il soit net.

Manière de dégorger les draps à Elbeuf.

La méthode dont on se sert à Elbeuf pour dégorger les draps, est différente de celle ci-dessus, et produit un très bon effet; je la donne ici pour l'instruction du foulonnier.

Le drap doit être rangé à plat dans une grande pile, et battu à l'eau pure jusqu'à ce que le savon mousse abondamment; alors il doit être arrosé et noyé de quinze à vingt seaux d'eau, qui entraînent tout-à-fait ce qui s'est détaché du savon. Comme le volume du drap augmente dans ce travail, deux hommes placés de chaque côté de la pile, le maintiennent chacun avec un bâton. Ensuite on va le houer au trempoir deux fois d'un bout à l'autre, puis on le remet dans la pile, on le fait, battre avec une légère eau jusqu'à ce qu'elle sorte claire, on le rapporte au trempoir pour le houer encore, et on le fait sécher.

Du foulage au savon.

Le foulonnier doit redoubler de soin et de surveillance dans cette opération, puisque les précédentes ne sont que préparatoires à celle-ci ; c'est elle qui fait rapprocher, entrelacer, feutrer, et qui fait qu'une toile en laine dont la chaîne et la trame se croisent sous forme de corde, se gonfle et s'épaissit, qu'elle acquiert du moelleux, qu'elle se couvre d'un duvet très doux qui fait entièrement disparaître le tissu, et qu'elle se convertit en drap.

Le foulonnier fait dissoudre dans l'eau et sur le feu du savon blanc, plus ou moins suivant l'étendue de la pièce ; il met à part la moitié de cette dissolution, et verse dessus une seconde eau chaude, ce qui procure environ deux seaux de bain savonneux et léger, qu'on nomme eau blanche. Le drap étant dégorgé parfaitement, et

égoutté au point de n'être plus qu'humide, il est
mis en rond dans la pile ; on l'arrose à mesure avec
le bain qu'on a fait refroidir, et on le fait battre
lentement, puis par gradation, puis précipitamment durant dix, douze, quinze, vingt heures, et
même plus, suivant qu'il est, par sa qualité et sa
préparation, plus ou moins disposé à fouler, et
qu'il a peu ou beaucoup perdu de son étendue.

De deux en deux heures, on le retire de la pile
pour le lisser, lui redonner du savon plus ou
moins épais où il en est besoin, et examiner ses
différens progrès en le maniant, et le mesurant de
distance en distance sur la largeur.

Chaque fois que le foulonnier le rempile, il doit
le ranger de la manière la plus convenable pour
qu'il rentre également et qu'il prenne assez d'é-
paisseur ; pour cet effet, on le tord plus ou moins
sur sa longueur, selon qu'il a plus ou moins de
peine à se rétrécir ; s'il paraît se rétrécir trop vite,
on le met à plat ; ou enfin on le tord seulement
dans les endroits qui sont plus larges, et on le
met à plat dans les plus étroits. On fait fouler le
drap debout ou à plat en le doublant sur la largeur, et le pliant en zig-zag sur la longueur en
l'empâtant.

Lorsque le drap est réduit d'environ un pouce
au-delà de la largeur qu'il doit conserver, et qu'il
a l'épaisseur et la fermeté qui lui sont propres, on
le fait battre à plat durant un quart d'heure, après

quoi on le retire de la pile pour le dégorger dans la machine. Il est utile, lorsqu'il est assez rentré, de le faire battre à plat pour en effacer les plis, qui devenant ineffaçables lorsque la pièce est refroidie, occasionneraient des inégalités de tension qui le feraient craponner, et l'exposeraient ensuite à être endommagé par les forces du tondeur. L'eau dans laquelle on met une partie de la dissolution du savon, pour commencer l'opération du foulage, est nécessaire en ce qu'elle augmente la fluidité de cette dissolution, que l'étoffe en tourne mieux dans la pile, que le foulage en est plus lent, moins partiel et plus général.

Ceux qui négligent ainsi le premier bain de savon, et qui prétendent par économie suppléer à cette eau par celle qui est dans le drap, en le laissant moins égoutter qu'il ne convient, tombent également dans la difficulté d'un foulage graduel et uniforme; l'étoffe tourne avec plus de peine, le savon s'étend lentement et mal, il pâte par place, des parties se foulent plus tôt que d'autres qui bourrent et s'évident. Si au lieu d'employer l'eau de savon froide, on l'emploie chaude comme font quelques foulonniers, on court le risque de hâter le foulage avant que la corde soit ouverte, avant qu'il soit défilé; au lieu d'être souple et moelleux, son feutre sera sec et mou.

Comme le drap est susceptible de se fouler plus tôt ou plus tard, suivant le tors de la filature, suivant le nombre de fils, et que le tissage est plus ou moins fort, le foulonnier doit faire attention aux causes indiquées et, à leur effet, pour tenir le drap soit debout, soit à plat; le tordre plus ou moins fort, ou ne le tordre pas; le tirer de la pile, le lisser plus ou moins fréquemment pour en tirer les faux plis, éviter les poches; l'éventer pour lui donner à propos du savon où il en manque, et ménager d'abord la quantité de celui-ci en l'étendant dans beaucoup d'eau à proportion que le le drap est moins ouvert, moins défilé, et dans le cas contraire de l'empiler plus en rond, et de le faire battre plus vivement, puisqu'il n'est question pour le faire rentrer beaucoup et promptement sur sa largeur que de lui donner du savon, et de le tordre fortement en le mettant en rond dans la pile; mais pour lui donner de l'épaisseur sans perdre beaucoup sur la largeur, il faut le faire marcher debout ou de plat, en le rangeant par petites plissées dans la pile.

Si le drap, quelque quantité de savon qu'on lui donne, paraît l'absorber toujours, et que cependant il s'évide, qu'il n'entre point en largeur, c'est une preuve qu'il a été mal dégraissé; il faut le transporter dans la machine, l'y mettre hors de savon, puis le faire battre à une terre bien délayée et très étendue qui achève de le purger de sa graisse; ensuite on le met en pile pour achever de le fouler.

Lorsque le drap n'est pas très gras, ce qu'on

juge au tact, relativement au savon qu'il a reçu, il peut suffire sans interrompre le foulage de verser dans la pile un ou deux seaux d'urine; veut-on rendre la largeur à un drap qui par quelque cause serait trop rentré et trop tôt dans certaines parties, il n'est question, à l'avant-dernière lissée, que d'y répandre de la terre bien délayée, et de le faire battre en rond dans la pile; le feutre se ramollit, se détend, et les parties trop torses, trop rentrées, se rétablissent dans leur longueur. On peut aussi amincir un drap et l'allonger, en le faisant battre à plat. La rentrée ordinaire des draps, pour constituer un feutre le plus beau et le meilleur, est d'un tiers sur la longueur, et de trois septièmes ou trois huitièmes sur la largeur, toujours relativement au degré d'épaisseur qu'on veut lui donner.

Du foulage en graisse à l'urine.

Comme l'opération du foulage est une des plus essentielles de la fabrique, et que toutes les manières de fouler ne sont pas les mêmes dans toutes les manufactures, je dois faire connaître toutes celles qui se pratiquent dans divers endroits, et qui me paraissent avantageuses.

Quand on veut fouler un drap en graisse, on le met en rond dans la pile, en l'arrosant d'un seau d'urine mêlée avec autant d'eau; on laisse agir les maillets pendant deux heures; après quoi, on lui

donne la première lissée, et on le remet dans la pile
pour deux ou trois heures ; à la seconde lissée,
on l'arrose d'une livre d'huile, plus ou moins,
suivant que le drap a été fabriqué depuis plus ou
moins de temps, et on ajoute un peu d'urine. On
lisse le drap jusqu'à quatre fois, et l'on y ajoute
une poignée de crottin de brebis, tamisé et délayé
dans un peu d'urine. Lorsque le drap est à trois
quarts de sa foule, on le met debout pour le dres-
ser et l'équarrir, et quand il est rendu à la longueur qu'il doit avoir, on le met dans la pile à
dégorger.

Du dégorgeage des draps foulés en graisse.

On met le drap dans la pile à dégorger, on
lâche dessus un filet d'eau pour en faire sortir les
impuretés, et à cet effet on débouche les trous
de la pile, en maniant le drap deux ou trois fois,
et l'on continue ce travail jusqu'à ce que l'eau
sorte claire ; alors on le retire de la pile, et on le
laisse égoutter pendant sept ou huit heures.
Comme ce lavage n'est fait que pour enlever les
impuretés de la superficie du drap, pour le nettoyer à fond après qu'il a été bien égoutté, on
bouche le trou de la pile, on y remet le drap qu'on
arrose avec un demi-seau d'urine ; et lâchant un
filet d'eau, on le fait travailler pendant environ
une heure ; puis on le lisse, et on le remet dans la

pile avec la même quantité d'urine, et le même
filet d'eau ; on répète cette manœuvre une troisième et quatrième fois, mais on augmente peu à
peu le filet d'eau, jusqu'à ce qu'elle sorte claire ;
alors on retire le drap pour le laver au courant de
la rivière.

Devoirs du contre-maître dans le foulage.

Il faut que dans cette opération le contre-maître, qui doit connaître toutes les parties de son
art, guide le foulonnier ; qu'il l'instruise de chaque
chose en particulier, de la nature de la laine, de
la filature, de la largeur, et du compte dans lequel
la pièce a été travaillée sur le métier, de la largeur à laquelle elle doit être réduite, enfin de la
manière qu'elle doit être foulée : d'après cela, avec
de l'intelligence, une grande pratique et de l'attention, on peut obvier à la plus grande partie des
inconvéniens.

Il est d'expérience que les draps foulés au savon
ont plus de douceur que ceux foulés à l'urine ; ce
qui vient de ce que les premiers ayant eu plusieurs
terres antérieurement à cette opération, se sont
mieux détrempés, mieux défilés dans la machine,
que les autres n'ont pu le faire dans la pile avec
l'urine, puisque celle-ci a en effet plus de constricité
que le savon.

Le foulage à l'urine est plus rude, et ne donne

pas plus de fermeté à l'étoffe que le savon ; quant à la longueur, elle n'est pas autant favorisée par l'urine.

Enfin le drap étant foulé et porté à la fabrique par le foulonnier, le contre-maître doit en sa présence le mettre à la perche, pour voir s'il est de force et de qualité à supporter les apprêts, et pour mieux reconnaître les défauts qui peuvent être une suite de l'inattention du foulonnier.

Il doit examiner si le drap est bien net, si la largeur est égale partout, s'il n'y a pas sur le drap de taches de savon, ou autres, des accrocs et des échauffures, parce que le foulonnier aurait pu les éviter ; s'il a tenu le drap un pouce moins large que ce qu'il doit avoir après les apprêts, puisque tous les draps augmentent de largeur dans les apprêts qu'ils reçoivent au retour du foulon.

Du dégraissage d'un drap après les apprêts.

Quoique l'on soit assuré d'avoir pris toutes les précautions nécessaires dans le foulage, il arrive quelquefois qu'un drap qu'on croyait net en sortant de la pile, devient gras quand il a reçu les derniers apprêts.

Voici ce que peut faire le foulonnier pour remédier à cet accident : on délaye de la terre-glaise dans de l'eau, en sorte qu'elle soit liquide ; on la laisse reposer un quart d'heure, afin que le

plus grossier de cette terre tombe au fond de la
cuve; on prend la superficie de cette eau, dont on
arrose le drap. on le met à travailler un quart
d'heure dans la pile à fouler, on le retire pour le
lisser, et voir s'il est également imbibé; on le
remet dans la pile pendant un quart d'heure,
ayant soin de lui donner de cette eau de terre à
mesure qu'il en a besoin. On le retire de la pile
pour le lisser, on l'y remet pendant un quart
d'heure, et s'il est net, on le met dans la pile à
dégorger, en lâchant par-dessus un filet d'eau
qu'on a soin d'augmenter peu à peu, jusqu'à ce
qu'elle soit claire; il ne faut le mettre à dégorger
que lorsqu'il paraît bien net, et on finit par le
laver au courant d'une rivière.

CHAPITRE. XVII.

DES GARNISSEURS, PREMIER LAINAGE.

Quand le drap est foulé, le fabricant ou contre-
maître doit lui faire donner la dernière perfection; s'il est ferme et fort, on peut lui donner tel
apprêt qu'on voudra; si au contraire il est mou,
creux et ouvert, il doit le ménager. La première
opération est celle du garnissage, qui consiste à
faire venir le poil sur le drap, et à le ranger par

le moyen des griffes du chardon, ce qui s'appelle lainer.

On se sert donc, pour lainer ou garnir un drap, de chardons montés sur trois morceaux de bois qu'on nomme croix; ils sont fortement attachés sur deux rangs de hauteur; on appelle cet instrument une paire de chardons, parce qu'il a deux faces, et ce terme est d'autant plus convenable, que chaque face travaille à son tour. Le meilleur chardon à employer est celui que l'on cultive sur les coteaux, il est préférable à celui qui croît dans les vallons. Plus le crochet des pointes du chardon est ferme, plus il est bon; la meilleure qualité se rencontre dans les années de sécheresse.

Le grenier à chardon doit être garni de rateliers à neuf étages de hauteur, sur chacun desquels il n'y a qu'une même sorte de cardes garnies de chardons: savoir, à l'étage d'en bas, qu'on nomme la première sorte, sont les plus doux et les plus usés; ceux du deuxième étage sont moins usés que ceux du premier, et se nomment seconde sorte, ainsi de suite, jusqu'à ceux du septième étage, qu'on nomme demi-neufs, ou encore moins, suivant qu'ils sont usés; chacun occupe son rang et son étage; ceux du huitième, qui n'ont servi qu'une fois, s'appellent trois quarts neufs; enfin, ceux du neuvième, et qui occupent le premier rang, sont toujours neufs. En conséquence, quand les chardons neufs ont travaillé une fois, ils deviennent trois quarts neufs,

et en occupent le rang; à mesure que les autres
travaillent, ils descendent ainsi d'un rang à l'autre
jusqu'au premier, d'où, étant chassés, ils ne valent plus rien, et sont jetés.

Pour lainer un drap, on l'étend sur deux perches placées de travers à six ou sept pieds d'éleva-
tion du plancher. Ces deux perches sont distantes
l'une de l'autre de douze à quatorze pouces, pour
que les deux garnisseurs ou laineurs puissent passer un de leurs bras entre les deux portions du
drap qui pendent des perches.

Ces perches sont établies au-dessus d'une grande
auge de bois ou de pierre, qui est d'une forme
carrée, à quatre pouces de hauteur, c'est ce qu'on
nomme le bac; il sert à recevoir les deux bouts de
la pièce de drap qui pendent des perches, et à les
entretenir mouillés au moyen de l'eau qu'il contient. Lorsque les deux laineurs ont travaillé
un des bouts de la pièce qui pend des perches,
ils l'abattent dans le bac, pour qu'une autre
portion du drap prenne sa place. C'est cette quantité de drap qui descend des perches qu'on nomme
avalée, et qui est d'environ une aune.

Les laineurs doivent donner au drap les voies de
chardon qui leur sont prescrites par le contre-
maître. Alors les deux laineurs doivent se placer
chacun vis-à-vis une lisière, tenant d'une main
une croix garnie de chardon, et de l'autre une vide;
ils mettent le drap entre leurs deux bras, puis

18

chacun attaque une lisière avec une des faces de
son chardon, en rapprochant les deux bras l'un
de l'autre, pour serrer le drap entre la croix vide
et celle qui est garnie de chardon; ils travaillent
du haut en bas.

Les laineurs doivent donner trente-six coups,
depuis la perche jusqu'au genou, toujours avan-
çant jusqu'à ce qu'ils se rencontrent au milieu du
drap, et de même en roulant vers les lisières; ce
qu'ils continuent jusqu'à ce que les trente-six
coups soient donnés et distribués également; savoir, en commençant, quatre coups sur chaque
lisière, sept coups pour gagner le milieu, et sept
autres coups en reculant : ce qui fait dix-huit
coups chacun, et un total de trente-six coups
entre tous les deux. Ils doivent bien placer leur
chardon, le tirer droit et doucement, car des secousses rompraient les filamens. Ils doivent augmenter d'eau à mesure qu'ils se servent de chardons plus forts. Chaque face de la croix de chardon
fait une avalée. Lorsqu'elle est pleine des deux
côtés, on la quitte pour en prendre une autre.
Cette opération se continue jusqu'à la fin du drap,
c'est ce qui s'appelle une voie ou trait.

Le contre-maître doit veiller à ce que le drap
soit bien pénétré d'eau, parce que la laine mouillée se tire sans se rompre, est plus souple,
et se range mieux; que les voies qu'il a ordonné
de tirer le soient en entier et avec du chardon ana-

logue, parce qu'il y a des laineurs qui trompent pour avoir plus tôt fait, et qui se servent ou de vieilles cardes en fer, ou de chardon neuf, ce qui est un très grand inconvénient; le duvet n'est pas autant peuplé, le lainage n'est pas uni, et le drap perd de sa consistance.

Pour savoir si les laineurs ont bien rempli leur devoir, on présente le drap au grand jour, et en relevant la laine avec la main, on reconnaît si l'opération a été bien faite.

Deuxième lainage.

Pour bien faire cet apprêt, les laineurs doivent bien mouiller le drap, et commencer à le lainer avec le premier chardon, qui est le plus doux; on lui en donne six traits ou voies. Ces six traits donnés, on lui en donne six autres avec le deuxième chardon, pour que la totalité du drap soit bien lainée également. Ils doivent rompre les avalées, parce qu'on a beaucoup plus de force en lainant vers le milieu, qu'en haut et en bas. Il faut donc que la partie du drap qui était au-dessus de la tête au premier trait, se trouve au deuxième à la hauteur de l'estomac.

Les six seconds traits donnés à contre-poil des six premiers étant finis, on donne au drap six autres traits du troisième chardon à contre-poil des seconds, autant du quatrième à contre-poil du troisième, et autant du cinquième à contre-poil du quatrième, toujours alternativement et à contre-poil plus ou moins, suivant la qualité et la force du drap, pour donner du fond et du pied à la laine sans la rompre.

Il est de l'attention et du devoir des laineurs, de donner au drap, à chaque changement de chardon, le même degré d'eau, sans quoi la laine se trouvant sèche se romprait, et le drap s'énerverait.

Le contre-maître doit examiner et savoir combien de traits le drap peut supporter. Il doit voir à la fin de ce lainage, si le drap n'est pas trop mou, et lui laisser de la force pour la troisième eau. Il doit veiller à ce que le lainage donné à la deuxième eau soit fait à contre-poil; ce qui est avantageux, surtout pour les draps noirs, parce qu'au moyen de cette pratique ils sont plus veloutés. Il doit recommander aux laineurs, lorsqu'ils ont fini de lainer, de laisser égoutter le drap avant de le porter au séchoir.

Ce lainage se fait comme celui en première eau, mais avec des chardons moins usés. Il doit veiller sur les ouvriers; car, pour avancer l'ouvrage, ils sont toujours disposés à se servir de chardons neufs ou peu usés, ce qui est un grand inconvénient, parce que le lainage est plus parfait quand on tire peu à peu le poil avec du chardon qui ne soit pas trop rude.

Troisième lainage.

Comme, dans cette opération, on laine toujours à poil, c'est-à-dire dans le même sens, les laineurs doivent commencer par coudre les bouts du drap ensemble, mais ils doivent changer de lisières toutes les quatre voies, parce que si l'un d'eux est plus fort que l'autre, un côté du drap serait plus lainé que l'autre. Ainsi, après avoir cousu les deux bouts du drap, ils le mouillent parfaitement ; puis, sans le laisser égoutter, ils le mettent en perche pour le lainer en troisième eau, en donnant trois ou quatre voies du premier chardon, deux voies du second, deux voies du troisième, deux voies du quatrième, et deux voies du cinquième.

Quand ils sont prêts à donner la dernière voie du cinquième, ils doivent découdre le drap, et au lieu de tirer leur avalée par-devant dans ce dernier trait, ils doivent la tirer par-derrière pour achever de lainer par la queue du drap, ensuite le laisser bien égoutter, et le porter au séchoir.

Le contre-maître doit prêter dans cette opération autant d'attention que dans la précédente, la même surveillance pour l'emploi du chardon, qu'on doit augmenter peu à peu, jusqu'à ce que le drap devienne un peu mollet en le maniant, et ne laisser porter le drap au séchoir que lorsqu'il est bien égoutté.

Quatrième lainage.

On ne donne le quatrième lainage qu'aux plus belles qualités de drap. Les laineurs doivent suivre les mêmes procédés, dont les principaux sont de bien mouiller le drap, de le lainer lentement avec le chardon analogue, et d'y prêter la plus grande attention.

Le contre-maître doit avoir la même surveillance dans cette opération que dans les précédentes.

Du tondage, première opération.

Pour réussir dans l'opération du tondage, il faut être pourvu de bonnes forces; ce sont de grands ciseaux de deux feuilles ou couteaux d'environ deux pieds de longueur, dont les bras se terminent en deux branches ou verges qui se joignent par un ressort en forme d'anneau : ce ressort sert à ouvrir la lame. Le couteau à droite, qui est celui qu'on place sur la table à tondre, est appelé femelle; son tranchant est planché fort mince, afin qu'il puisse entrer en laine, et la couper plus près de la corde. On charge ce couteau d'un poids de cinquante, soixante, soixante-dix livres, selon la qualité du drap, pour donner de l'assiette et de la fermeté à la force, et pour la faire entrer en laine.

L'autre couteau, que l'on nomme mâle, passe

sur le premier en travaillant ; son tranchant n'est
pas si mince que celui de la femelle. On donne le
mouvement à la force par le moyen d'une courroie
attachée par un bout au dos de la femelle, et par
l'autre au manche d'une mailloche qui tourne
sur le dos du mâle, et qui le fait approcher de la
femelle.

Le tondeur ayant mis le drap sur le faudet,
fait passer le bout de la pièce par les lisières à la
table, après quoi il monte sur le marche-pied,
et attache le drap par les lisières à la table avec cinq
ou six crochets ; il doit prendre garde que le drap
ne fasse des plis, parce que les forces, en passant par-dessus, le couperaient infailliblement.
Le drap étant mis en table, il relève le poil avec
la rebrousse qui est une lame de fer, après il tond
la tablée, et recouche le poil avec une vieille carde ;
cette tablée étant finie, il en recommence une
autre, et ainsi de suite jusqu'à la fin de la pièce.

On nomme tondre en herman ou breteau, ce
qui consiste en une seule coupe en tout que l'on
donne au drap avec des forces peu tranchantes.

Deuxième opération du tondage.

La deuxième opération est la coupe en demi-
laine. Le drap, après avoir été lainé en demi-laine,
est remis au tondeur pour lui donner deux ou trois
coupes l'une sur l'autre, suivant sa qualité, avec

des forces nouvellement émoulues et très tranchantes, et en y prêtant la plus grande attention ; c'est ce qu'on appelle tondre en demi-laine ou sur la deuxième eau ; ensuite le drap repasse aux laineurs pour être lainé en troisième eau.

Troisième opération du tondage.

Le drap étant bien séché, le tondeur lui donne quatre, cinq, six coupes, suivant la qualité, et à la fin de chaque tablée, il prend une vieille carde pour ranger et coucher le poil du drap qu'il avait été obligé de relever avec la rebrousse. Ce tondage se nomme tondre en troisième eau et en dernier apprêt ; il ne doit pas cependant trop rebrousser le poil aux dernières coupes, surtout à celles d'apprêt.

On emploie ordinairement, pour le tondage en troisième eau, les forces qui ont servi pour la seconde. Si elles étaient trop tranchantes, elles ne couperaient pas le poil si uniment, mais il faut qu'elles coupent mieux que celles pour tondre en herman. Les forces nouvellement émoulues servent d'abord pour tondre en deuxième eau, puis en troisième, et ensuite en herman.

Quant aux envers, ils sont tondus d'une seule coupe qu'on donne bien uniment.

Du stricage.

Le drap teint et lavé est remis aux laineurs pour être striqué. Cette opération consiste à mettre le drap dans le bac et à le bien mouiller. On fait passer ensuite le bout de la tête du drap par-dessus les perches, et on lui donne, toujours baignant dans l'eau, trois, quatre, cinq et six traits avec du vieux chardon; cela fait, on table le drap et on le porte à la rame.

Des devoirs du contre-maître dans le tondage.

Lorsque le drap doit être teint en noir, bleu, jaune ou autres couleurs, le contre-maître doit avoir soin de faire bien tondre en troisième eau, après quoi on le porte à la teinture. Cette attention est d'autant plus utile, que les couleurs n'entrent que très médiocrement dans l'intérieur de la corde, et que la quatrième tonte blanchirait le drap.

Il ne doit pas faire tondre trop près les draps destinés à être teints en écarlate ou en noir, parce qu'une laine un peu haute fait paraître la couleur écarlate plus vive et plus brillante; mais quand ils ont été mis en noir, on ne peut leur donner trop de coupes. Plus ils en reçoivent, plus le poil est arrondi, plus ils sont tranchés, plus ils sont doux et beaux.

Il doit surtout s'attacher à bien faire lainer les draps destinés à être teints, parce qu'on ne peut pas, après la teinture, les lainer de nouveau sans détruire une grande partie de la couleur, attendu qu'on ne pénètre pas dans le fond du drap.

Il ne doit pas permettre aux tondeurs de trop rebrousser les draps, surtout aux coupes d'apprêt, parce que trop rapprocher dégrade le drap et lui ôte sa tranche et le brillant.

.Les draps étant teints, soit en noir, soit en bleu, il doit aller les visiter à la teinture pour voir s'il n'y a pas de tares ou des trous, avant que de les remettre au foulonnier pour être lavés. Quant aux draps noirs, il faut les laver sur-le-champ; car plus ils restent sans être lavés, plus ils durcissent, surtout pendant les chaleurs, parce que le sel de la couperose leur porte préjudice.

Quand un drap a reçu ses deux coupes en demi-laine, le contre-maître doit le visiter, et examiner s'il n'y a pas de coupes de force ou des sillons trop marqués; ce qui arrive quand l'ouvrier, pour avancer l'ouvrage, veut prendre trop de laine à la fois dans les ciseaux.

S'il n'a pas fait des *entre-deux*, ce qui arrive quand on a trop tablé, parce que des parties restent sans être tondues.

S'il n'y a pas de *mâchures*, ce qui a lieu lorsque la force, au lieu de couper le poil, le serre entre les deux lames.

S'il n'existe pas de *témoins*, ce qui arrive quand on laisse un endroit sans être tondu.

Pour faire cette visite et cet examen, on pose le drap sur une table au grand jour, on passe la main à contre-poil pour relever la laine en différens endroits de la pièce; par ce moyen, on voit si le poil est coupé bien uniment, s'il est arrondi et bien roulant, si le drap a quelques uns des défauts ci-dessus, s'il est assez approché et tondu assez bien pour que le chardon, à la troisième eau, puisse arranger le fond de drap.

C'est alors aussi qu'il doit examiner si le drap ne paraît pas gras; car si la graisse était ressortie aux apprêts, il faudrait le renvoyer à la foulerie, pour, à son retour, lui faire l'opération à la troisième eau.

CHAPITRE XVIII.

DES LITEUSES.

Le litage n'a lieu que pour les draps en blanc et teints en pièce. Quand on veut conserver une lisière faite de plusieurs couleurs, on la roule sur elle-même dans toute la longueur du drap, et on l'enveloppe d'une toile très serrée que l'on coud fortement avec de la ficelle.

De la mise aux rames.

Lorsque le drap a reçu la dernière eau, avant que le tondeur lui donne la dernière coupe d'apprêt et la tonte d'envers, il faut le desserrer et l'équarrir.

Les rames sont un assemblage de pièces de charpente de sept à huit pouces d'équarrissage, qui forment une barrière de six pieds de hauteur et d'une longueur suffisante. Cette barrière est formée par des poteaux debout, affermis solidement en terre et liés à leur bout supérieur par des pièces horizontales ; vers le bas, il y a un pareil cours de pièces horizontales dont les extrémités sont mises dans de larges rainures qui sont aux poteaux, ce qui fait qu'on peut les baisser et hausser à volonté, et les assujettir à la hauteur qu'on veut avec des chevilles de fer.

Les deux cours des traverses horizontales sont garnis dans toute leur longueur de clous à crochet ainsi que le premier poteau vertical. On accroche la pièce de drap par un bout à ce premier poteau, et à l'autre bout on accroche de même un chevron de trois pouces de large sur deux d'épaisseur, plus long que la largeur du drap. A cette pièce mobile est une poulie dans laquelle on passe une corde dont un bout est attaché au dernier poteau vertical ; un ouvrier tient l'autre bout de cette corde, et, en la tirant, il tend le drap tant et si peu qu'il veut dans le sens de la largeur. Quand le drap a été rendu à la longueur convenable, l'ouvrier arrête la corde à un des poteaux, afin que le drap conserve également le degré de tension qu'on lui a donnée; alors on accroche les lisières aux solives horizontales du haut, ensuite à celles du bas. Si le drap est trop étroit, on l'élargit en appuyant sur les solives d'en bas qui sont mobiles, et qu'on écarte de celles d'en haut. Quand le drap est parvenu à la largeur qu'il doit avoir, on arrête les traverses d'en bas avec des chevilles qui passent dans des trous faits au poteau, et on le laisse sécher.

A l'égard des draps teints en pièce, on ne les rame que lorsqu'ils sont revenus de la teinture, qu'ils ont été lavés et dégorgés.

Le contre-maître doit être présent lorsqu'on rame les draps, afin de guider les ouvriers, les empêcher de les entr'ouvrir, et veiller à ce qu'ils ne leur donnent que la longueur et la largeur qu'ils peuvent supporter: les ouvriers, étant seuls, pourraient affaiblir la pièce d'étoffe en la tirant trop; ce qui nuirait à la réputation de la manufacture.

Pointiller et rentrer le drap.

Ce sont ordinairement des femmes qui font cette opération. Lorsque les draps de toute espèce ont été tondus en dernier apprêt, ils sont remis aux nappeuses, qui, avec de petites pinces de fer, tirent les pailles et autres petits corps étrangers que la teinture ou les apprêts ont découverts.

Les rentrayeuses réparent les trous et tares qui

19

peuvent s'y trouver; après ces opérations, le drap
est mis entre les mains des affineurs, dont le devoir
est de le coucher, brosser, tuiler, lisser et presser.

Coucher et brosser le drap.

On le couche sur une table qui est inclinée vers
le grand jour, faite comme la table des tondeurs,
et couverte d'un tapis de drap; là on lui donne
le dernier apprêt, qu'on appelle *brossage* et *tuilage*.
Pour exécuter cette opération, on met le drap sur
le faudet, et on fait passer le bout par-dessus la
table; puis l'ouvrier, avec une tuile qu'il tient dans
ses deux mains, couche par plusieurs endroits le
poil du drap, et, à la fin de chaque tablée, il prend
un balai, et balaye le drap pour ôter la poussière.
Il continue cette opération tout le long de la pièce,
et la répète cinq ou six fois, afin que le drap soit
bien net et le poil bien rasé; il le plie en double
sur la longueur, en mettant l'endroit dedans et les
deux lisières l'une sur l'autre; il plie ensuite la
pièce en zig-zag, de sorte qu'elle se trouve disposée
pour recevoir les cartons avec lesquels elle doit
être mise en presse.

Ce qu'on nomme tuile est un morceau de bois
léger, épais d'un pouce et demi, long de deux
pieds et demi, large de cinq à six pouces; il est
enduit, d'un côté, d'une matière faite avec de
la poix-résine, de la cire et de la colle-forte,
qu'on saupoudre avec un tamis, pendant que le

mastic et la colle sont encore chauds, de verre pilé, de grains de sable fin et d'un peu de limaille de fer. C'est ce côté de la tuile qui est rude, mais d'un plan parfait, qu'on fait agir sur le drap, toujours d'un même sens, pour en coucher le poil.

Lisser le drap.

La lisse est une plaque de fer très unie, de six à huit lignes d'épaisseur, large de six à huit pouces, et longue de trois pieds. Cette plaque est terminée à chaque bout par un manche excédant de huit pouces la largeur de la pièce, afin qu'un homme puisse la tenir commodément de ses deux mains.

Cette pièce de fer est mise sur un fourneau haut de deux pieds et demi, qui porte une grille chargée de charbons ardens : à portée de ce fourneau est une table à peu près semblable à celle des tondeurs, mais rembourrée plus ferme et très plate, d'une largeur égale à celle du drap, et aussi longue que le local le permet. Le drap étant couché sur cette table, on l'arrose avec de l'eau dans laquelle on a fait dissoudre de la gomme arabique, en la donnant comme une rosée, et on passe la plaque dessus; mais auparavant il faut y passer à chaque tablée une vieille carde de fer pour en coucher le poil.

On donne deux, trois, quatre lissées sur la même tablée, suivant la qualité et l'espèce du drap.

La première tablée étant finie , on remet la plaque sur le fourneau, et on en dispose une seconde comme la première, et ainsi de suite jusqu'à la fin, en ne donnant à la plaque que la chaleur convenable.

De la presse.

Les presses sont de bois , garnies d'étriers de fer; les jumelles ont huit pieds et demi de hauteur, et dix à douze pouces d'équarrissage ; la distance d'une jumelle à l'autre est de trois pieds quatre pouces; le plat-bord sous lequel on met les pièces pour les presser, a quatre pouces d'épaisseur, et les plateaux que l'on met entre chaque pièce de drap sont épais d'un pouce ; la vis et l'écrou sont proportionnés à la force des jumelles; la vis se ferme par le moyen d'un câble qui se roule sur un tour vertical que des hommes font tourner.

Pour presser un drap, on le plie d'abord en deux sur la longueur, l'endroit en dedans ; puis on le plie sur la largeur. On met entre chaque pli un carton fin qui touche les deux côtés du drap par son endroit, et on en met de communs qui touchent l'envers. Comme les lisières sont plus épaisses que le drap, elles nuiraient au pressage ; mais de temps en temps on met des cartons dans le drap seulement, sans porter sur les lisières.

On met dessus et dessous la pièce de drap un plateau de bois, une autre pièce par-dessus, jusqu'à

ce que la presse soit remplie; le dernier plateau
doit avoir quatre pouces d'épaisseur. On serre fortement ces draps, et on les laisse vingt-quatre
heures au moins sous la presse; ensuite on ouvre
la presse, on retire les draps, et les cartons de
chaque pli; on les replie de nouveau avec les
mêmes cartons et de la même manière, non dans
les mêmes plis, mais de façon que les endroits
qui débordaient les cartons soient mis à la place
des endroits qui ne débordaient pas : cette opération s'appelle rechanger. On remet les pièces à la
presse avec les mêmes plateaux, et de la même
manière que la première fois. Au bout de vingt-
quatre heures, on les retire pour les mettre sous
toilette, et on les livre en cet état au fabricant.
Cette méthode est celle qui convient aux draps noirs
et écarlates; mais pour ceux qu'on veut lustrer, il
faut les laisser trois jours sous la presse, et davantage si l'on n'a pas besoin de la presse.

Pour donner un plus beau lustre au drap, on
presse au vélin, particulièrement les draps blancs
fins, et tous les autres draps de couleur d'une
qualité supérieure. Cela se fait en mettant entre
chaque pli, et à l'endroit du drap, un vélin, et
à l'envers un ou deux cartons, suivant la puissance de la lisière. Les draps ainsi pliés sont en état
d'être mis sous la presse; mais avant de les y
mettre, on commence par placer au fond de la
presse une plaque de fer chaud; dessus cette plaque

un plateau de bois, puis deux ou trois cartons avec la pièce de drap, ensuite un autre plateau, par-dessus une autre plaque de fer chaud, et on en fait autant entre chaque pièce. Il y a cependant des fabriques où l'on ne met que trois plaques, une dessous la première pièce, une au milieu, et une par-dessus, toutes très peu chauffées.

Toutes ces opérations étant faites, on retire le drap de la presse, on en ôte les cartons, on le me-sure, on le replie, on le remet sans cartons à l'écatissage, et puis on le met sous toilette pour être emballé.

Devoirs du contre-maître depuis le ramage.

Il doit scrupuleusement veiller à ce que les nappeuses ou épinçeuses ne laissent aucun corps étranger aux draps, et à ce que les rentrayeuses réparent exactement les trous et tares qui pour-raient s'y trouver.

Il doit faire attention que les draps soient tuilés et brossés bien uniment, afin que le poil soit uni également partout; que la plaque de fer dite lisse ne soit pas trop chaude, ce qui pourrait brûler le drap, en détériorer la couleur, ou roussir le blanc.

Il doit surveiller le presseur, afin qu'il laisse séjourner les draps sous la presse tout le temps qui lui est prescrit, parce qu'il est avantageux de lais-

ser perdre aux draps leur chaleur avant de les
sortir ; il doit faire presser à froid les noirs et écarlates, et à chaud et au vélin ceux auxquels on
veut donner beaucoup de lustre. Les draps noirs
et écarlates n'ont pas besoin d'être pressés au vélin ; ils ne doivent pas même séjourner long-temps
sous la presse, parce que le lustre diminue le velouté que doit avoir le noir et même l'écarlate.

Il doit savoir que, comme on ne peut mettre
d'apprêt aux draps que l'on presse à froid, il faut
les faire tondre plus ras, parce que les draps en conservent plus long-temps leur beauté. Ces draps étant
mis sous presse, on les y laisse trois ou quatre
jours, jusqu'à sept si l'on n'a pas besoin de la
presse.

Les draps mêlés auxquels on veut donner du
lustre peuvent être lustrés à froid d'une façon
très durable, pourvu qu'on ait des presses fortes,
et qu'on puisse les y laisser très long-temps.

Il n'y a point d'inconvénient de presser à chaud
quand on n'emploie qu'une chaleur modérée,
et que les draps sont légèrement humectés : on diminue beaucoup du maniement du drap quand on
mouille beaucoup, et quand on excite une grande
chaleur ; il y a même certaines couleurs qui ne
peuvent supporter cet apprêt.

Il ne faut presque jamais laisser employer la
gomme ; elle peut à la vérité donner du brillant
au drap, mais cet éclat se détruit à l'humidité

Enfin, dans toutes les opérations de la fabrique, le contre-maître doit exercer la plus grande surveillance sur tous les ouvriers qui lui sont confiés, soit qu'ils travaillent à la journée, soit qu'ils travaillent à leurs pièces; s'assurer de leur fidélité, de leur obéissance, et de leur exactitude dans l'exécution des ordres qui leur sont donnés; et si les ouvriers commettent quelque faute grave, il est obligé d'en avertir le fabricant.

FIN.

TABLE DES MATIÈRES.

SECONDE PARTIE.

SECONDE PARTIE.

FIN DE LA TABLE.

DE L'IMPRIMERIE DE CRAPELET,
rue de Vaugirard, n° 9.

www.ingramcontent.com/pod-product-compliance
Lightning Source LLC
Chambersburg PA
CBHW071649200326
41519CB00012BA/2456